Astronomie-1×1

Sie sind fasziniert von der Welt der Sterne? Sie wollen das Universum selbst entdecken? Sie haben eine Sternwarte besucht oder ein Teleskop gekauft, um mehr über Sonne, Mond und Sterne zu erfahren? Mit diesem kleinen Ratgeber naht praxisorientierte Unterstützung.

Dieses Buch hilft bei der ersten Orientierung in der Welt der Astronomie. Es erklärt grundlegende Zusammenhänge, stellt die wichtigsten Gestirne an unserem Himmel vor und zeigt, was Fernglas und Teleskop zu leisten vermögen. Viele Themen können an dieser Stelle jedoch nur angerissen werden. Zu den meisten Kapiteln sind deshalb weiterführende Literaturtipps zu Einsteigerbüchern aus dem Oculum-Verlag angeführt. Diese Bücher können an Ihrer Volkssternwarte oder im Buchhandel erworben werden.

Wenn Sie speziell Hilfe zu Einsteiger-Teleskopen suchen, empfehlen wir Ihnen den Schwesterband "Teleskop-1×1" (vgl. nebenstehende Anzeige).

Viel Spaß beim Entdecken der Sterne,

Ihr

Ronald Stoyan

Ronald Stoyan

GRUNDLAGEN

OBJEKTE

PRAXIS

ANHANG

Die im Text verwendeten blau markierten Fachbegriffe sind im Glossar im Anhang des Buches erklärt.

Sonne, Mond und Sterne

Am Firmament sind verschiedene Gestirne zu erkennen. Einige verbleiben scheinbar an ihrem Ort, andere sind nur zu bestimmten Zeiten zu sehen.

Den Taghimmel dominiert die Sonne. Sie ist ein Stern, also ein aus Kernfusion selbst Energie erzeugender Gasball.

Als Planeten bezeichnet man nicht selbst leuchtende, um die Sonne kreisende Körper. Dies sind neben der Erde Merkur, Venus, Mars, Jupiter, Saturn, Uranus und Neptun. Die letzten beiden können nur mit optischen Hilfsmitteln am Nachthimmel gesehen werden. Die Planeten beziehen ihr Licht von der Sonne,

Am Nachthimmel erscheinen verschiedene Gestirne in unterschiedlichen Entfernungen wie »Sterne«.

die sie anstrahlt. Sie haben deswegen eine Tag- und eine Nachtseite.
Aufgrund ihres Laufs um die Sonne nehmen die Planeten wechselnde Positionen am Nachthimmel ein. Während die nahe bei der Sonne befindlichen Planeten schon in wenigen Tagen deutlich ihre Position ändern, ist dies bei den äußeren Planeten erst nach einigen Wochen zu bemerken.

Der Mond ist wie die Planeten ein nicht selbst leuchtender Körper. Er kreist im Unterschied zu diesen jedoch um die Erde. In knapp einem Monat bewegt er sich einmal um den gesamten Himmel und beginnt danach seinen Lauf erneut. Auch die meisten anderen Planeten besitzen Monde. Ausnahmen sind Merkur und Venus.

Alle weiteren leuchtenden Punkte sind Sterne: Sonnen wie unsere. Die Sterne, die wir am Nachthimmel sehen, gehören zu unserer Galaxis, einer Welteninsel aus etwa 100 Milliarden Sternen. Da sie eine diskusartige Form hat und wir uns innerhalb befinden, können wir sie in bestimmten Richtungen als nebliges Band der Milchstraße sehen. Der Nebel entsteht durch viele schwache Sterne, die das Auge nicht auflösen kann.

Wahrhaft astronomische Entfernungen liegen zwischen den Himmelskörpern. Der mittlere Abstand zum Mond beträgt nur 60 Erdkugeln, was etwa 385000 Kilometern entspricht. Die Sonne ist bereits 150 Millionen Kilometer entfernt. Die Entfernungen zu den Planeten beginnen bei ca. 40 Millionen km (Venus) und reichen bis 4,5 Milliarden Kilometer (Neptun).
Die Entfernung zum nächsten Stern beträgt schon 32 Billionen Kilometer! Besser als Entfernungsangabe geeignet ist die Lichtlaufzeit, dies ergibt 4,2 Lichtjahre. Die meisten Sterne am Nachthimmel sind zwischen 10 und 100 Lichtjahren entfernt, es gibt aber auch einige mit 1000 Lichtjahren und mehr Distanz. Die Milchstraße insgesamt ist sogar 100.000 Lichtjahre groß. Bis zur nächsten Welteninsel sind es schließlich 2,5 Millionen Lichtjahre. Und auch davon gibt es Milliarden weitere, noch entferntere Objekte…

TIPP: Entfernungen visualisieren

Es hilft, sich die großen Entfernungen in unserer kosmischen Umgebung mit einer Verkleinerung im Maßstab 1:1 Milliarde klar zu machen. In diesem Maßstab hat die Sonne einen Durchmesser von 1,4 Metern, die Erde ist nur 1,2 Zentimeter groß. Die mittleren Abstände der Planeten von der Sonne wären dann: Merkur 58m, Venus 108m, Erde 149m, Mars 228m, Jupiter 778m, Saturn 1,4km, Uranus 2,9km und Neptun 4,5km. Visualisierungen dieser Art sind vielfach als "Planetenweg" umgesetzt worden. Allerdings fassen sie nicht mehr den Raum außerhalb des Sonnensystems. Schon der nächste Stern stünde in diesem Modell 32.000 Kilometer entfernt.

Kosmische Entfernungsskala

Gestirn	Entfernung	Lichtlaufzeit
Mond	384.000km	1,3 Sekunden
nächster Planet	40.000.000km	2,1 Minuten
Sonne	150.000.000km	8,3 Minuten
Nächster Stern	32.000.000.000.000km	3,4 Jahre
Nächste größere Galaxie	24.000.000.000.000.000.000km	2,5 Millionen Jahre

TIPP: Raum und Zeit

Es ist schwer vorzustellen, aber auch das Licht benötigt eine gewisse Zeit, um von einem Sender (leuchtender Stern) zu einem Empfänger (menschliches Auge) zu gelangen. Sie beträgt knapp 300.000 Kilometer pro Sekunde. In der Konsequenz heißt das, dass wir das Universum nie gleichzeitig beobachten können, sondern immer weiter in die Vergangenheit blicken, je entfernter die Objekte sind. Beim Mond ist das nur etwas mehr als eine Sekunde. Das Sonnenlicht ist bereits ca. 8 Minuten alt, von Saturn benötigt es eine Stunde. Die Sterne am Nachthimmel sind zwischen 10 und 1000 Lichtjahren entfernt. 2,5 Millionen Jahre war das Licht von der Andromedagalaxie zu uns unterwegs. Und schließlich umgibt uns der Nachhall des Urknalls von vor 13,7 Milliarden Jahren - der aber so stark in seiner Lichtfrequenz verschoben ist dass wir ihn nicht mehr wahrnehmen können, weil wir uns von ihm entfernen. Dies ist zusammen mit der Endlichkeit des Universums der Grund, warum unser Himmel nachts schwarz erscheint.

Tägliche Bewegung

Die Erde dreht sich um ihre eigene Achse, und zwar in 23 Stunden und 56 Minuten. Weil sie sich unter dem Himmel wegbewegt, stehen die Gestirne nicht still am Himmel. Sie bewegen sich scheinbar entgegen der Umdrehungsrichtung der Erde, also von Ost nach West.

Diese Umdrehung führt dazu, dass Sonne, Mond und Sterne im Osten aufgehen und im Westen untergehen. Im Süden erreichen sie ihren höchsten Stand über dem Horizont. Dieser Zeitpunkt wird Kulmination genannt. Bei der Sonne entspricht die Kulmination dem Mittag.

Richtung Norden liegt der Punkt, wo die Himmelskugel von der gedachten Verlängerung der Erdachse durchstoßen wird. Um diesen Punkt dreht sich scheinbar der gesamte Himmel gegen den Uhrzeigersinn. Praktischerweise steht fast genau an dieser Stelle ein hellerer Stern, der Polarstern. Fällt man von ihm ein Lot auf den Horizont, ist die Nordrichtung markiert.

Die Höhe des Polarsterns über dem Horizont ist gleich der geographischen Breite des Beobachtungsorts. In Deutschland steht der Polarstern also etwa 50° hoch am Himmel (10° entsprechen etwa einer ausgestreckten Faust).

Die Sterne in einem Umkreis von 50° um den Polarstern gehen also nie auf oder unter. Sie werden deshalb als zirkumpolare Sterne bezeichnet.

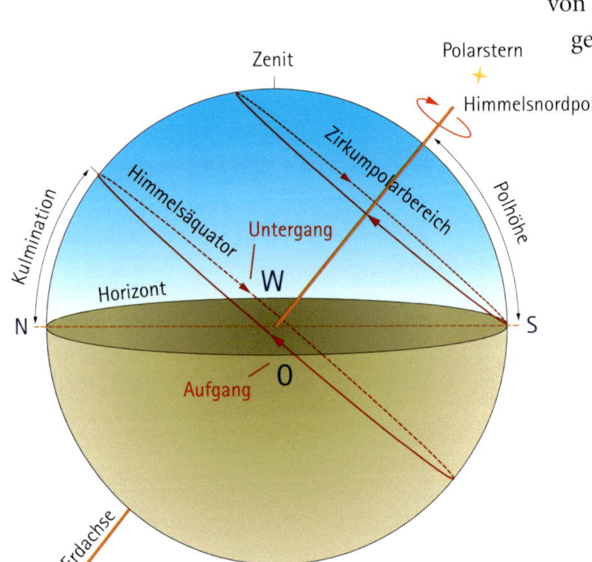

Stellt man sich den Himmel als die Erde umhüllende Kugel vor, die sich über ihr hinwegdreht, werden die Bewegungsabläufe deutlich. Eigentlich dreht sich die Erde natürlich unter dem Himmel hinweg.

Am Großen Wagen kann man sehr gut erkennen, dass sich die Sterne jede Nacht scheinbar um den Polarstern bewegen.

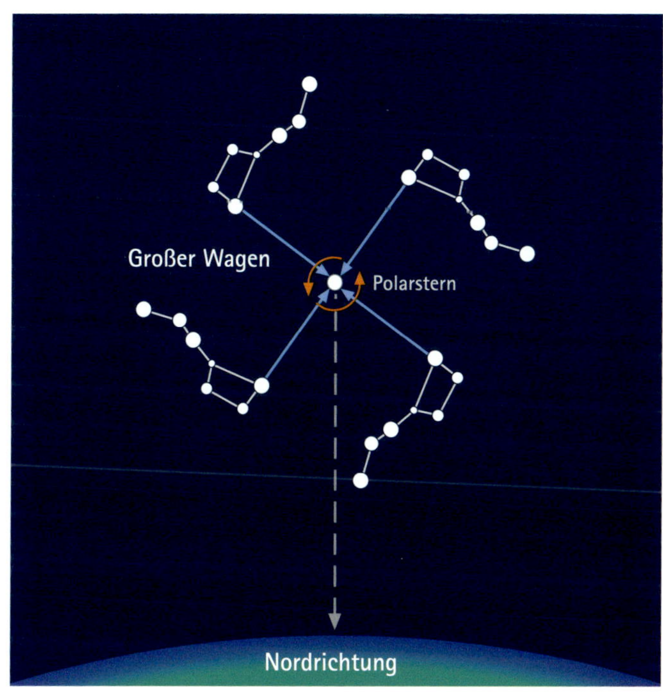

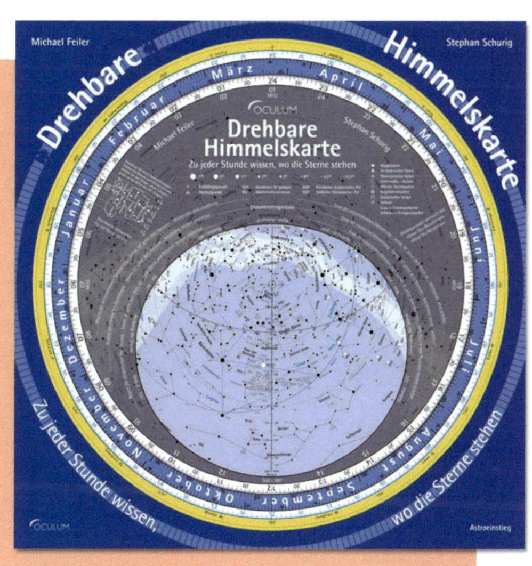

Jährliche Bewegung

23 Stunden 56 Minuten benötigt die Erde zu einer Drehung. Zwischen zwei Kulminationen, also Mittagsständen der Sonne, liegen jedoch 24 Stunden, unsere Tageslänge. Diese Differenz resultiert aus der zusätzlichen Bewegung, die die Erde um die Sonne beschreibt: Jeden Tag wandert sie etwas nach Osten, also links. Die Sonne erreicht somit 4 Minuten später ihre Kulmination, als es ein Objekt tun würde, das immer in der gleichen Richtung steht, wie etwa ein Stern. Dieser Unterschied summiert sich auf: Nach 3 Monaten ist die Sonne bereits so weit von dem Stern entfernt, dass dieser schon untergeht, wenn die Sonne ihre Mittagsposition erreicht. 6 Monate später steht der Stern der Sonne genau gegenüber, nach 9 Monaten geht er gerade zu Mittag wieder auf.

So erklärt es sich, dass im Laufe eines Jahres wechselnde Sterne am Nachthimmel zu sehen sind. Jeweils nicht sichtbar sind dabei die Sterne, die mit der Sonne gleichzeitig auf- und untergehen.

Weil sich die Erde um die Sonne bewegt, sehen wir im Jahresverlauf einen wechselnden Sternhimmel.

Der Lauf der Erde um die Sonne hat noch einen anderen, für unser Leben wichtigeren Aspekt. Durch die Neigung der Erdachse gegenüber der Umlaufbahn um die Sonne erhält einmal die Nordhemisphäre mehr Sonnenlicht, ein halbes Jahr später die Südhalbkugel. Zu den dazwischen liegenden

Zeitpunkten scheint die Sonne senkrecht auf den Äquator.

Das führt zu unterschiedlich hohen Mittagsständen der Sonne auf der jeweiligen Halbkugel und damit unterschiedlich langen Zeitspannen zwischen Sonnenauf- und Sonnenuntergang. Das Ergebnis ist die Ausprägung von Jahreszeiten.

Im Winter ist die Sonnenbahn niedriger, die Tageslänge damit kürzer. Im Sommer jedoch ist die Sonnenposition mittags höher und die Tage länger.

Durch die Neigung der Erdachse zur Umlaufbahn um die Sonne entstehen die Jahreszeiten.

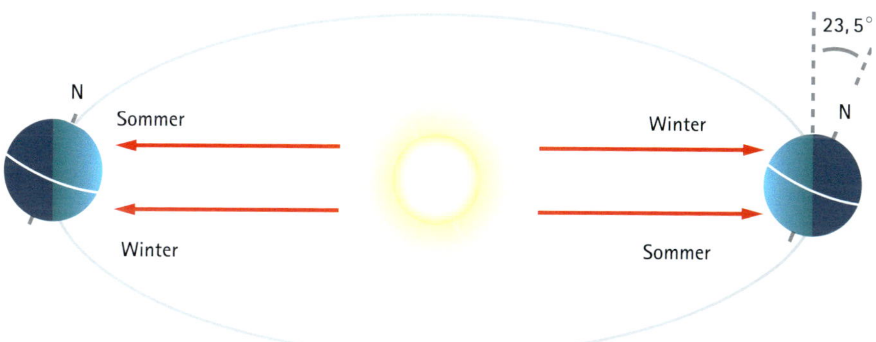

Sternbilder

Blick an den abendlichen Sternhimmel im Oktober/ November.

Die Sterne am Nachthimmel stehen in unterschiedlichen Entfernungen zur Erde zwischen 4 und 10000 Lichtjahren. Die Muster, die sie am Himmel bilden, sind also fast alle zufällig und nur durch ihre scheinbare Position nebeneinander, jedoch eigentlich hintereinander, aus der Sicht der Erde begründet. Dennoch werden diese Muster auch heute noch zur Orientierung am Sternhimmel verwendet.

48 Sternbilder kannte bereits die Antike. Sie gehen auf den babylonischen Kulturkreis zurück, wo sie göttliche Figuren und sagenhafte Wesen verkörperten. Mit einigen Änderungen wurden sie von den Griechen und später den Römern übernommen und durch die Araber dem neuzeitlichen Europa vermittelt. Ihre offiziellen Namen sind deshalb lateinisch, die Namen der meisten Sterne arabisch, während die Figuren der griechischen Sagenwelt zugehören. Besonders bekannt sind die 13 Sternbilder des Tierkreises, durch die die Sonne im Laufe ihrer jährlichen Bewegung scheinbar zieht. In der Neuzeit wurden von zahlreichen Astronomen weitere Sternbilder erschaffen, vor allem am in der Antike unbekannten südlichen Sternhimmel. Insgesamt werden heute 88 Sternbilder geführt. Sie besitzen festgelegte Grenzen, jeder Stern kann also eindeutig einem Sternbild zugeordnet werden.

Der Augsburger Himmelskartograph Johannes Bayer führte 1603 das noch heute gültige System ein, mit dem die hellsten Sterne eines Sternbilds in der Reihenfolge ihrer Helligkeit benannt werden. Sirius, der hellste Stern im Sternbild Großer Hund, heißt demnach offiziell α Canis Maioris.

Die Helligkeit von Sternen wird in Größenklassen (lat. Magnitudo) eingeteilt. Ursprünglich hatten die hellsten Sterne

Helligkeitswerte von Himmelskörpern

Himmelskörper	Helligkeit
Sonne	$-26{,}^{\mathrm{m}}7$
Vollmond	$-12{,}^{\mathrm{m}}5$
hellster Planet (Venus)	$-4{,}^{\mathrm{m}}3$
hellster Stern (Sirius)	$-1{,}^{\mathrm{m}}5$
schwächste Sterne mit bloßem Auge	6^{m}
schwächste Sterne im Fernglas	9^{m}
schwächste Sterne im kleinen Teleskop	12^{m}

1. Größe und die schwächsten 6. Durch die Erfindung des Fernrohres musste die Skala stark erweitert werden, man kennt heute Sterne bis über die 24. Größenklasse hinaus. Auch bei den hellsten Objekten wurde ergänzt, ein Stern der Helligkeit -1^m ist also heller als einer mit $+1^m$.

Insgesamt sind am Nachthimmel etwa 5000 Sterne zu sehen. Durch die Aufhellung des Nachthimmels mit künstlichem Licht, der sogenannten Lichtverschmutzung, sind in Großstädten jedoch nur noch 100, in ländlichen Gemeinden etwa 2500 Sterne zu erkennen.

Die 13 Tierkreis-Sternbilder

Sternbild	Sonnenposition
Widder	19.4.–14.5
Stier	14.5.–21.6.
Zwillinge	21.6.–21.7.
Krebs	21.7.–11.8.
Löwe	11.8.–17.9.
Jungfrau	17.9.–31.10.
Waage	31.10.–22.11.
Skorpion	22.11.–30.11.
Schlangenträger	30.11.–18.12.
Schütze	18.12.–20.1.
Steinbock	20.1.–16.2.
Wassermann	16.2.–12.3
Fische	12.3.–19.4.

Die Sonne durchläuft jedes Jahr die Sternbilder des Tierkreises.

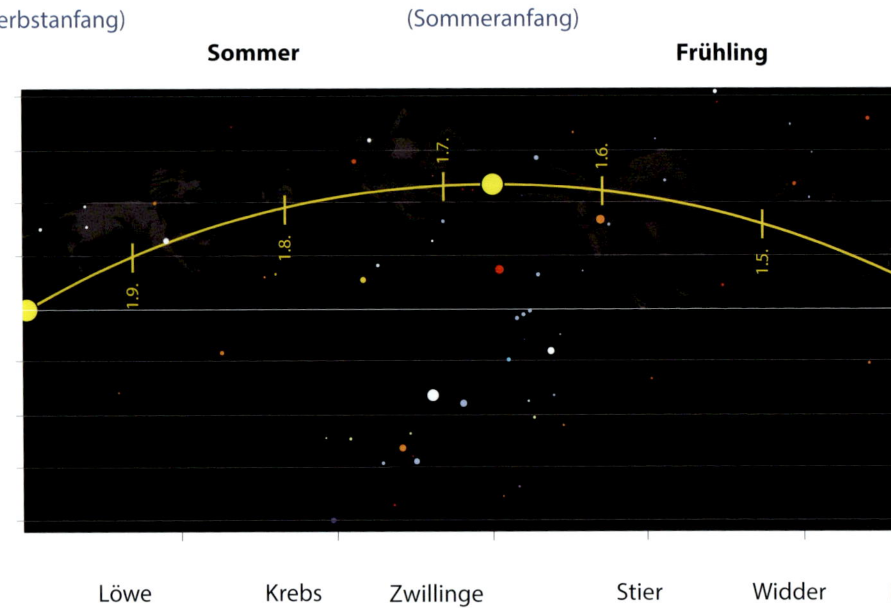

Buchempfehlung

skyscout

Sterne und Sternbilder einfach finden

Zeigt die wichtigsten Sternbilder unseres Himmels und wie man sie findet

28 Seiten, 16 Karten, Softcover, Spiralbindung, wasserabweisende Oberfläche, 15cm x 21cm, durchgehend farbig, ISBN 978-3-938469-84-2, Februar 2017 5. aktualisierte Auflage, 9,90 Euro

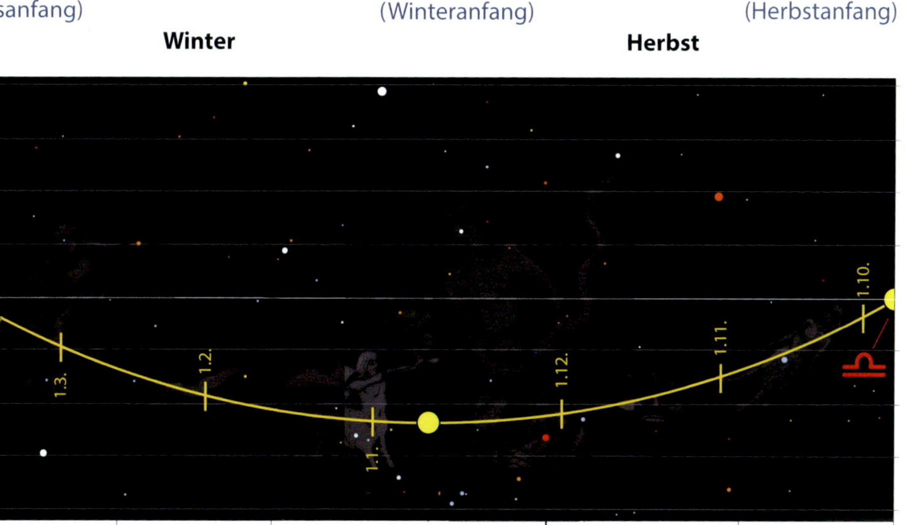

Wassermann Steinbock Schütze Schlangenträger Skorpion Waage Jungfrau

Sonnensystem

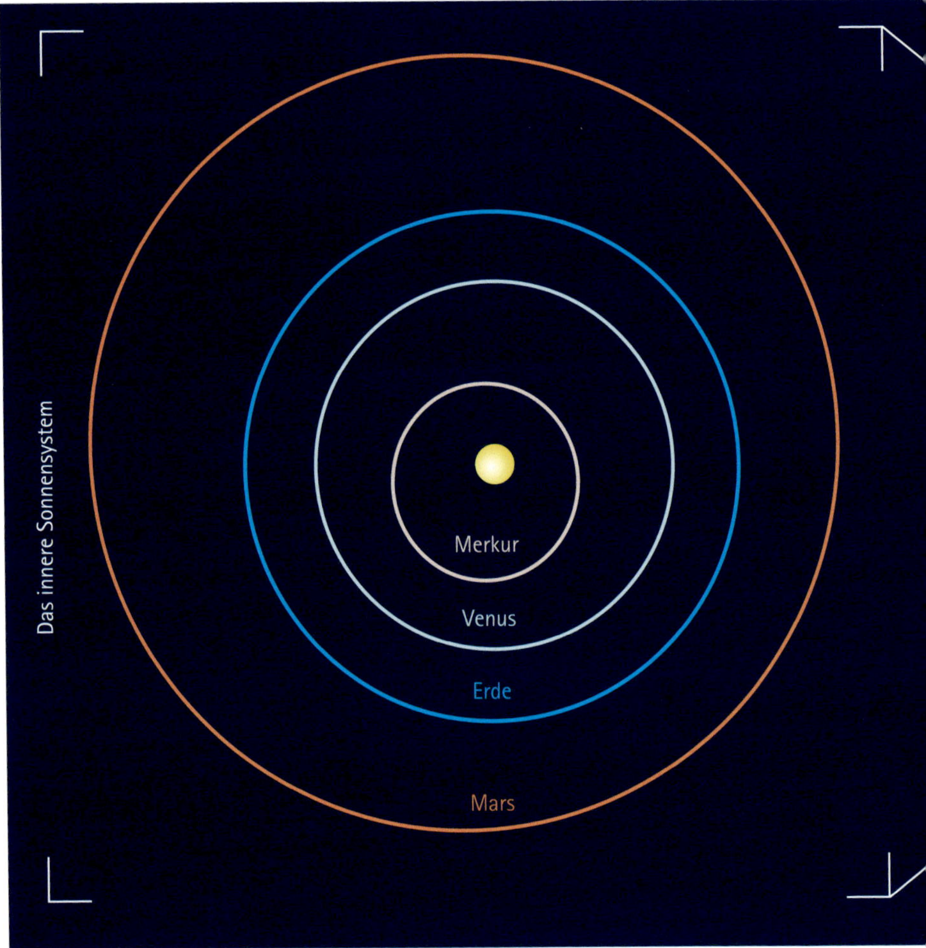

Das Sonnensystem mit den 8 großen Planeten.

TIPP: Planeten-Reihenfolge merken

Merkspruch für die Reihenfolge der Planeten:
Mein **V**ater **E**rklärt **M**ir **J**eden **S**onntag **U**nseren **N**achthimmel.

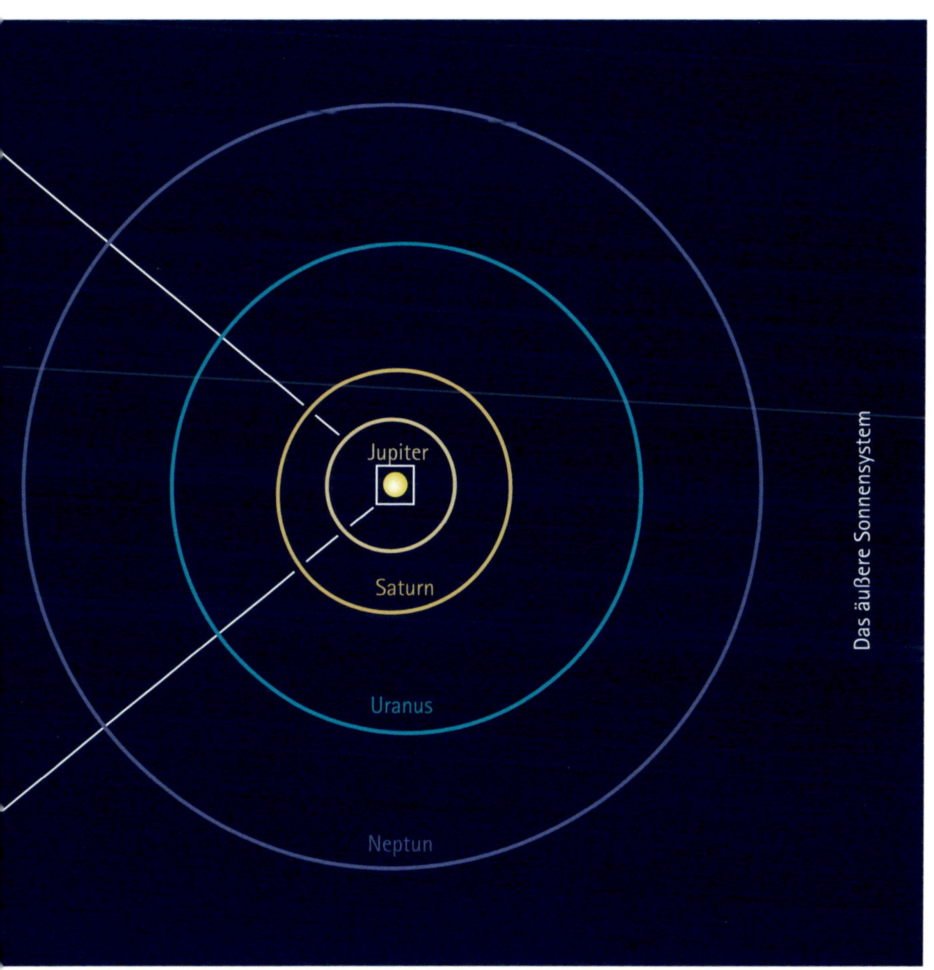

Das Sonnensystem ist die Heimat unseres Planeten. Es besteht aus einem Stern, der Sonne, 8 Planeten und 5 Zwergplaneten in deren Umlaufbahn, 214 Monden in Umlaufbahnen um die Planeten, mehreren hundert Kometen und über 500000 Kleinplaneten (Asteroiden) und Kleinkörpern.

Die Sonne ist der Zentralkörper dieses Systems. Sie besitzt mehr als 99% der Masse des gesamten Sonnensystems und zwingt dadurch die anderen Kör-

Das Sonnensystem aus unserer Sicht

	Größe	minimale Entfernung	Größe am Himmel	maximale Helligkeit am Himmel
Sonne	1,4 Mio km	150 Mio km	wie Vollmond	$-26{,}^{m}7$
Merkur	4900km	82 Mio km	1/180 Vollmond	$-1{,}^{m}2$ bis $3{,}^{m}0$
Venus	12000km	40 Mio. km	1/30 Vollmond	$-4{,}^{m}8$ bis $-3{,}^{m}1$
Erde	13000km	–	–	–
Mars	6800km	56 Mio km	1/90 Vollmond	$-2{,}^{m}9$ bis $2{,}^{m}0$
Jupiter	140.000km	590 Mio. km	1/30 Vollmond	$-2{,}^{m}5$ bis $-1{,}^{m}2$
Saturn	120.000km	1,2 Mrd. km	1/90 Vollmond	$-0{,}^{m}3$ bis $1{,}^{m}4$
Uranus	51000km	2,6 Mrd. km	1/450 Vollmond	$5{,}^{m}3$ bis $6{,}^{m}2$
Neptun	50000km	4,3 Mrd. km	1/720 Vollmond	$7{,}^{m}5$ bis $8{,}^{m}0$

Die Größenverhältnisse von Sonne und Planeten im Sonnensystem.

per auf Ellipsen- und Parabelbahnen um sich.
Die Planeten lassen sich in zwei Gruppen unterscheiden: Die Terrestrischen Planeten Merkur, Venus, Erde und Mars besitzen eine feste Oberfläche. Venus und Erde verfügen darüber hinaus über eine Atmosphäre, bei Mars ist die-

Modell des Sonnensystems

	Größe	Abstand zur Sonne
Sonne	1,4m	-
Merkur	4,9mm	58m
Venus	1,2cm	108m
Erde	1,3cm	150m
Mars	6,8mm	228m
Jupiter	14cm	778m
Saturn	12cm	1,4km
Uranus	5,1cm	2,9km
Neptun	5,0cm	4,5km

se nur sehr dünn, bei Merkur fehlt sie nahezu ganz. Die Erde ist der größte Planet dieser Gruppe.

Die Gas-Planeten Jupiter, Saturn, Uranus und Neptun folgen erst nach einer Lücke auf den Mars. Sie haben keine feste Oberfläche. Sie sind viel größer als die Erde und besitzen zahlreiche Monde. Jeder Gas-Planet hat darüber hinaus einen Ring aus hunderttausenden kleiner Körper, der jedoch nur beim Saturn stark ausgeprägt ist. Zwischen beiden Planetengruppen liegt der Asteroidengürtel, in dem die meisten Kleinplaneten um die Sonne kreisen.

Am besten kann man sich die Dimensionen im Sonnensystem in einem Modell vorstellen. An vielen Orten kann man solche Modelle als »Planetenweg« auch erwandern!

Mond

Der Mond ist der nächste Himmelskörper für uns Erdenbewohner und besitzt etwa ein Viertel des Erddurchmessers. Am Himmel zeigt er sich in täglich wechselnden Erscheinungsformen. Dabei ist seine rund erscheinende, sichtbare Seite immer der Sonne zugewandt, da er lediglich deren Licht reflektiert und nicht selbst leuchtet.

Der junge zunehmende Mond steht als schmale Sichel in der Abenddämmerung. Fahl erkennt man die dunkle Mondseite, die von der Erde beleuchtet wird. Der Mond geht wenige Stunden nach der Sonne bereits im Westen unter. In den nächsten Tagen wächst die Sichel an der linken Seite und wird dicker, der Mond nimmt sprichwörtlich zu. Jeden Abend steht er zu Dämmerungsbeginn etwas weiter südlich und geht später unter. Nach etwa einer Woche ist der Mond zur Hälfte beleuchtet, man spricht vom Ersten Viertel. Wenn die Sonne untergeht, hat der Halbmond seinen höchsten Stand im Süden erreicht. In der ersten Nachthälfte ist er noch am Himmel zu sehen, gegen Mitternacht geht er schließlich im Westen unter.

Nach dem Ersten Viertel nimmt der Mond weiter zu. Zum Dämmerungsbeginn abends steht er halbhoch im Osten, erreicht die Südrichtung in der ersten Nachthälfte und geht nach Mitternacht unter. Eine Woche nach dem Ersten Viertel ist der Mond schließlich

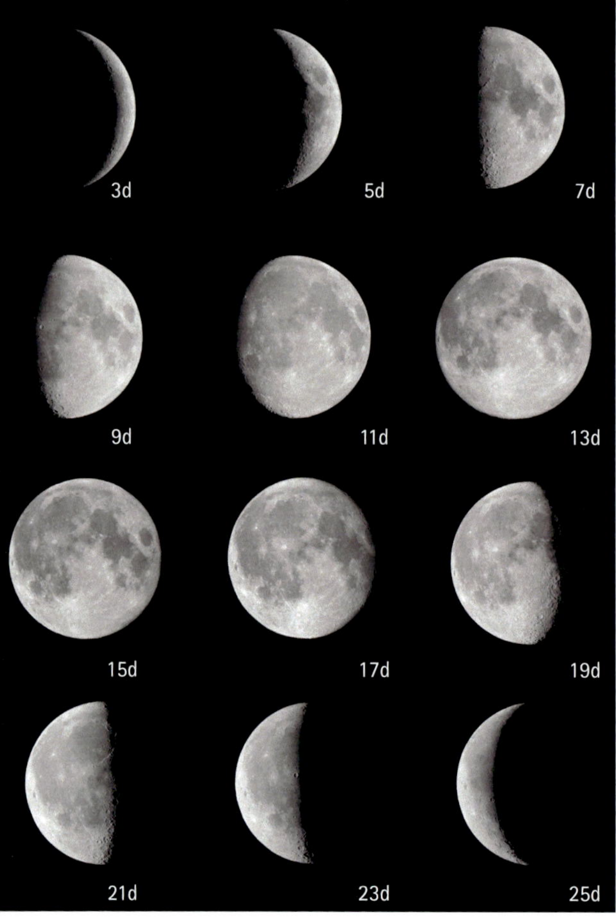

Die Phasen des Mondes im Verlauf eines Monats.

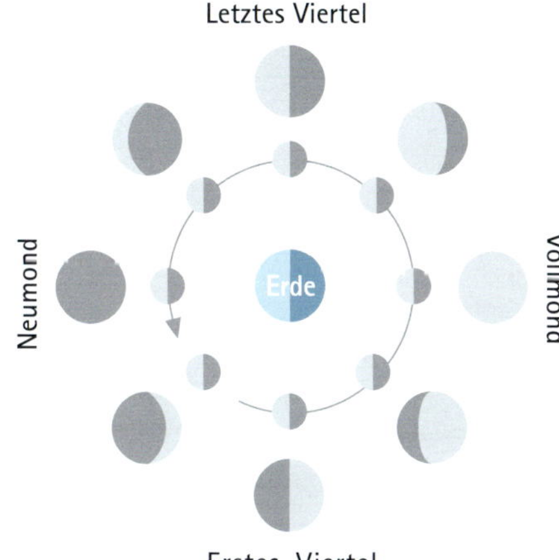

Der Umlauf des Mondes und die Entstehung der Mondphasen.

ganz beleuchtet, es herrscht Vollmond. Er geht zum Sonnenuntergang auf und zum Sonnenaufgang unter. Da er am Himmel der Sonne gegenüber steht, erreicht er in Sommernächten nur geringe Höhen über dem Horizont (so wie die Sonne im Winter), dagegen steht er im Winter hoch am Himmel (so wie die Sonne im Sommer).

Nach dem Vollmond nimmt der Mond an der zuvor rund erscheinenden, rechten Seite ab. Er geht erst in der ersten Hälfte der Nacht auf und steht in der Morgendämmerung noch am Himmel. Eine Woche nach Vollmond ist das Letzte Viertel erreicht, es ist nur noch die Hälfte der Mondkugel beleuchtet. Der Aufgang erfolgt erst um Mitternacht, bei Sonnenaufgang steht der abnehmende Halbmond hoch am Himmel.

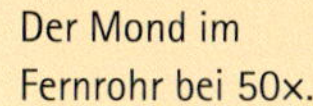

Der Mond im Fernrohr bei 50×.

Den Mond beobachten

Wann: Der Mond kann beobachtet werden, sobald er sichtbar ist. Für Fernrohrbeobachtungen ideal ist die Zeit um das Erste und Letzte Viertel.

Wo: Erstes Viertel abends Richtung Süden. Letztes Viertel morgens Richtung Süden.

Wie: Mit dem bloßen Auge sind nur die Phasen zu sehen. Ein Fernglas zeigt schon andeutungsweise die größten Krater, sollte aber unbedingt auf einem Stativ stehen. Am besten geeignet ist ein kleines Teleskop mit 30-facher Vergrößerung – damit kann man stundenlang spazierensehen, ohne dass es langweilig wird.

In den folgenden Tagen wird die Mondsichel am Morgenhimmel immer schmäler und geht immer später auf. Schließlich tritt sie gleichzeitig mit der Sonne auf und unter und verschwindet in deren Strahlen. Diese unsichtbare Phase nennt man

Eine Mondfinsternis beobachten

Anblick einer Mondfinsternis im Fernglas.

Wenn die Erde bei Vollmond genau zwischen dem Mond und der Sonne steht, müsste sie ihm eigentlich das Sonnenlicht nehmen. Da aber die Mondbahn etwas gegen die Erdbahn geneigt ist, finden Mondfinsternisse relativ selten statt. Meistens verfehlt der Mond den Schattenkegel der Erde und wandert oberhalb oder unterhalb vorbei.
Läuft der Mond mitten durch den Schattenkegel der Erde, spricht man von einer Totalen Mondfinsternis. Der Mond verschwindet dann aber nicht ganz, sondern leuchtet matt rötlich. Dies liegt an der Atmosphäre der Erde, die doch etwas Sonnenlicht auch in den Schattenkegel ablenkt.
Streift der Mond den Schatten der Erde nur, wird das Partielle Mondfinsternis genannt. Totale Mondfinsternisse beginnen und enden jeweils mit partiellen Phasen. Eine Totale Mondfinsternis dauert insgesamt mehrere Stunden. Die nächsten bei uns beobachtbaren Mondfinsternisse sind im Anhang aufgelistet.

Eine Mondfinsternis entsteht, wenn der Mond in den Schatten der Erde tritt.

Neumond. Auf einige Tage, an denen der Mond nicht am Himmel steht, folgt wieder die schmale zunehmende Mondsichel. Dieser Zyklus wiederholt sich alle 29,5 Tage.

Der Mond umkreist die Erde einmal in 27,3 Tagen. Doch da sich die Erde in dieser Zeit ebenfalls weiter bewegt, sieht es für uns am Erdboden so aus, als würde der Mond noch zwei weitere Tage für eine Umkreisung benötigen.

Dabei dreht sich der Mond in exakt derselben Zeit auch einmal um seine Achse, so dass wir immer nur eine Seite sehen. Die Rückseite des Mondes wurde erst 1957 von Raumsonden zum ersten Mal fotografiert. Der Mond besitzt keine Atmosphäre, die großen Oberflächen-Formungsprozesse sind seit vielen Millionen Jahren abgeschlossen. Das kennzeichnende Merkmal für den Mond sind Einschlagskrater von Meteoriten, die wegen der sehr langsamen Erosion auch nach langer Zeit gut erhalten sind. Daneben gibt es große Lavaebenen in den tieferen Bereichen, »Meere« genannt, und stark verkraterte höher gelegene Gebiete. Diese hellen und dunklen Flächen kann man schon mit bloßem Auge erkennen.

Die Mondkrater tragen Namen berühmter Astronomen und anderer Forscher, während die Meere nach Eigenschaften der menschlichen Seele bezeichnet sind. Schließlich sind die großen Gebirgszüge nach irdischen Gebirgen benannt, so gibt es auf dem Mond auch Alpen, Apennin und Kaukasus.

Merkur & Venus

Merkur und Venus sind die beiden Planeten, die innerhalb der Erdbahn um die Sonne kreisen. Sie erscheinen deshalb am Himmel immer in der Nähe der Sonne. Damit wir sie beobachten können, müssen sie am Abendhimmel links von der Sonne stehen und später als diese untergehen, am Morgenhimmel rechts von der Sonne stehen und früher als diese aufgehen.

Die günstigen Beobachtungszeitpunkte mit maximalem Abstand zur Sonne bezeichnet man als maximale Elongationen. Stehen Merkur und Venus dagegen zwischen Sonne und Erde, werden sie von der Sonne überstrahlt, man nennt diese Stellung Untere Konjunktion. Ebenfalls unsichtbar sind Merkur und Venus zur Oberen Konjunktion, wenn sie von uns aus gesehen hinter der Sonne stehen.

Je nach ihrem Stand am Himmel zeigen beide Planeten Phasen wie der Mond: Zur Unteren Konjunktion blicken wir auf die Nachtseite des Planeten, es ist also »Neu-Merkur« bzw. »Neu-Venus«. Zur Oberen Konjunktion ist dagegen der Planet voll beleuchtet. In den maximalen Elongationen sieht man einen Halb-Merkur bzw. eine Halb-Venus.

Die Venus ist nach dem Mond der hellste Himmelskörper am Nachthimmel. Venus wird als erster »Stern« am Abend-

Die Inneren Planeten Merkur und Venus werden nur sichtbar, wenn sie sich aus unseren Blickwinkel weit genug von der Sonne entfernen.

OBJEKTE

Venus beobachten

Wann: Venus kann entweder am Abendhimmel oder am Morgenhimmel stehen. Die maximalen Elongationen für die nächsten Jahre sind im Anhang aufgelistet.

Wo: Abends in der Dämmerung Richtung Westen. Morgens in der Dämmerung Richtung Osten.

Wie: Mit bloßem Auge als heller »Stern«. Im Fernglas bei Venus Sichelgestalt um die Untere Konjunktion. Im Teleskop alle Venusphasen und ansatzweise auch die Merkurphasen.

Venus im Fernrohr bei 80×.

himmel bzw. bleibt am Morgenhimmel am längsten sichtbar. Unser Nachbarplanet erscheint im Abstand von etwa eineinhalb Jahren für jeweils einige Monate als strahlend heller Abend- oder Morgenstern. Die Venus ist der innere Nachbarplanet der Erde und etwas kleiner als unser Planet. Sie ist von einer dichten Wolkendecke umgeben, die jeden Blick auf ihre feste Oberfläche verhindert. Erst Raumsonden, die auf dem Planeten gelandet sind, zeigten uns Bilder einer toten heißen Welt in einer Schwefelsäure-Atmosphäre.

Merkur ist wesentlich schwächer als die Venus und immer nur für wenige Tage am Abend- oder Morgenhimmel sichtbar. Dabei steht er wesentlich näher an der Sonne. Man muss genau wissen, wann er sichtbar ist, selbst Kopernikus soll Merkur angeblich nie gesehen haben.

Merkur ist der kleinste Planet, er ist sogar kleiner als unser Mond. Wie bei diesem ist seine Oberfläche von unzähligen Kratern geprägt. Merkur hat keine Atmosphäre – er ist eine heißkalte, unwirtliche Wüste.

Mars

Mars ist unser äußerer Nachbarplanet. Die Erde überholt ihn auf ihrer Bahn um die Sonne daher innen. Am nächsten kommt uns Mars deshalb dann, wenn er der Sonne genau gegenübersteht. Diese Stellung, wenn die Erde zwischen Planet und Sonne steht, nennt man Opposition. Mars strahlt dann um Mitternacht im Süden am Sternhimmel.

Hat die Erde Mars jedoch hinter sich gelassen, wird die Entfernung immer größer, bis sich beide Planeten auf gegenüber liegenden Seiten der Sonne befinden. Dann ist die Konjunktion eingetreten, und Mars ist unsichtbar, da er von der Sonne überstrahlt wird. Etwa zwei Jahre dauert es von einer Opposition zur nächsten. Dazwischen ist Mars für längere Zeit unsichtbar.

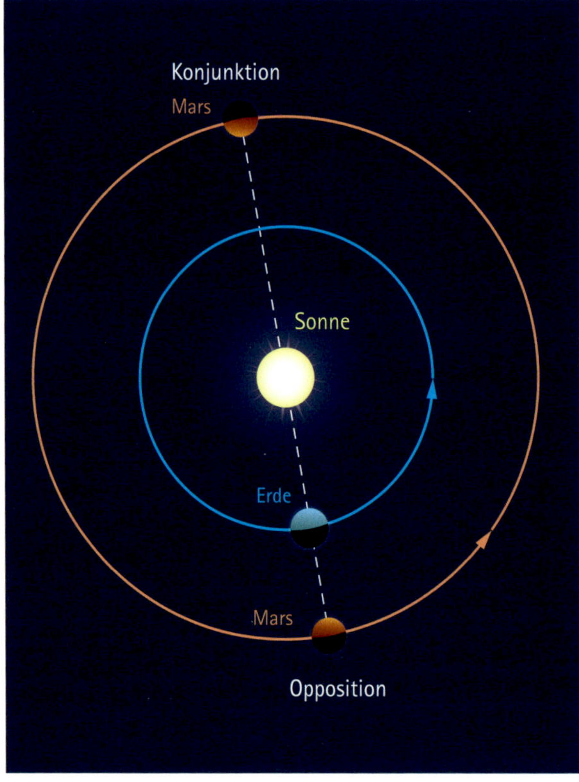

Die äußeren Planeten sind zum Zeitpunkt der Opposition am besten zu sehen. Zur Konjunktion sind sie dagegen unsichtbar.

Mars ist etwa halb so groß wie unser Planet und war lange Zeit das erste Ziel für das Studium einer anderen Welt. Der Planet mit seiner roten Farbe ist seit alters her in vielen Kulturen das Symbol für Krieg und Verwüstung, er trägt wie die anderen Planeten den Namen des entsprechenden römischen Gottes. Moderne Sonden, die auf dem Planeten gelandet sind, haben uns einen rötlichen Wüstenplanet gezeigt. Die charakteristische Farbe rührt von Eisenoxidverbindungen (Rost) seines Bodens her.

Mars beobachten

Wann: Einige Monate vor und nach dem Oppositions-Zeitpunkt. Die nächsten Oppositionen sind im Anhang aufgelistet.

Wo: Um Mitternacht Richtung Süden.

Wie: Mit bloßem Auge auffälliger orangeroter »Stern«, im Fernglas ebenso, im kleinen Teleskop erst ab 50- bis 100-facher Vergrößerung flächig, am ehesten sind noch die Polkappen zu sehen. Dunkle und helle Markierungen im Teleskop einer Volkssternwarte.

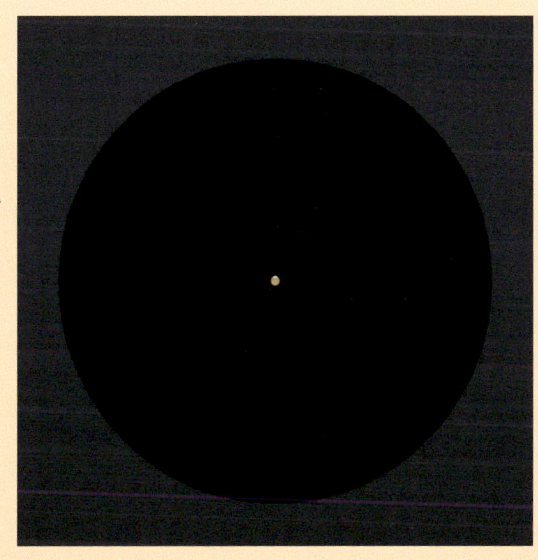

Mars im Fernrohr bei 80×.

Von der Erde aus betrachtet, scheinen äußere Planeten wie der Mars während der Opposition eine Zeit lang rückwärts am Himmel zu laufen, weil die Erde sie auf der Innenbahn überholt.

Jupiter

Jupiter ist der größte Planet des Sonnensystems, die Erdkugel würde 11× in seinen Durchmesser passen. Am Nachthimmel ist er der zweithellste »Stern« nach Venus. Anders als diese kann er jedoch wie Mars die ganze Nacht am Himmel stehen, wenn er in Opposition zur Sonne steht. Zur Konjunktion ist er wie Mars unsichtbar. Jupiters Sichtbarkeits-Zyklus an unserem Himmel wiederholt sich in etwa nach einem Jahr und einem Monat.

Wie die anderen Riesenplaneten Saturn, Uranus und Neptun auch besitzt Jupiter keine feste Oberfläche, sondern ein tief reichendes Wolkensystem, dessen oberste Spitzen wir beobachten können. Berühmt ist der Große Rote Fleck, ein Wirbelsturm, der seit mehr als 150 Jahren beobachtet wird. Durch die Eigendrehung von Jupiter rauscht er in nur 10 Stunden einmal um den gewaltigen Planeten.

Mehr als 60 Monde umkreisen den Riesenplaneten, die vier größten sah bereits Galileo Galilei. Sie heißen Io, Europa, Ganymed und Kallisto (von innen nach außen).

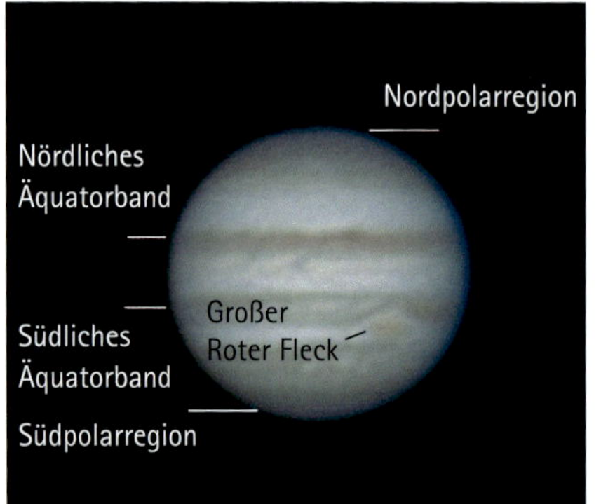

Jupiter beobachten

Wann: Einige Monate vor und nach dem Oppositions-Zeitpunkt. Die nächsten Oppositionen sind im Anhang aufgelistet.

Wo: Um Mitternacht Richtung Süden.

Wie: Mit bloßem Auge auffälliger weißer »Stern«, zweithellster Planet nach der Venus, im Fernglas ebenso. Im kleinen Teleskop bei 30-facher Vergrößerung mit den vier Monden und den beiden dunklen Wolkenbändern. Großer Roter Fleck im größeren Teleskop einer Volkssternwarte.

Jupiter im Fernrohr bei 80×.

Jupiter zeigt dunkle Wolkenstreifen und ovale Stürme auf seiner Wolkenoberfläche.

Saturn beobachten

Wann: Einige Monate vor und nach dem Oppositions-Zeitpunkt. Die nächsten Oppositionen sind im Anhang aufgelistet.

Wo: Um Mitternacht Richtung Süden.

Wie: Mit bloßem Auge gelblicher »Stern«, deutlich schwächer als Jupiter, im Fernglas ovale Form. Im kleinen Teleskop bei 30-facher Vergrößerung ist der Ring und der hellste Mond Titan zu sehen. Dreidimensionaler Ringeindruck im größeren Teleskop einer Volkssternwarte.

Saturn ist der zweitgrößte Planet des Sonnensystems, aber etwa doppelt so weit von der Sonne entfernt wie Jupiter. Das Licht benötigt bereits etwa eine Stunde, um uns zu erreichen. Wie bei Jupiter gibt es keine feste Oberfläche, es handelt sich um einen riesigen Gasball.

Saturn ist in der Äquatorebene von einem Ring umgeben, der 300000km groß, aber nur 20km dick ist. In Wahrheit handelt es sich nicht um ein zusammenhängendes Gebilde, sondern um unzählige Eisbrocken. Durch die Neigung der Saturnachse ändert sich der Anblick der Ringe von der Erde aus, manchmal sind sie sehr gut, manchmal kaum zu sehen. Derzeit sehen wir auf die Nordseite der Ringe, die sich bis 2017 maximal öffnen. Danach werden sie wieder schmaler und werden 2025 unsichtbar sein.

Auch der Saturn hat sehr viele Monde, mehr als 60 sind zurzeit bekannt. Der größte von ihnen, Titan, ist größer als der Planet Merkur und besitzt eine Atmosphäre.

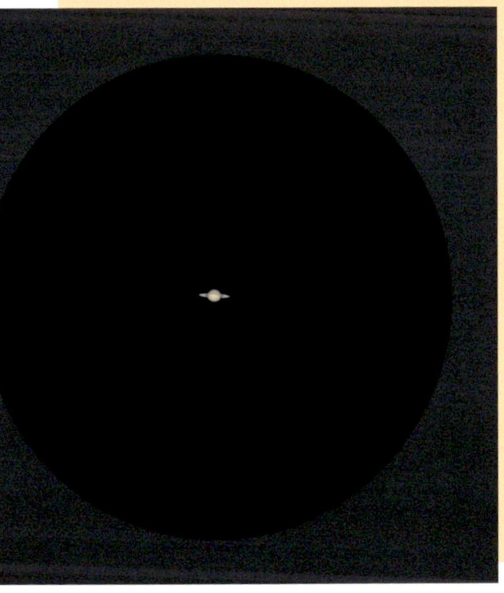

Saturn im Fernrohr bei 80×.

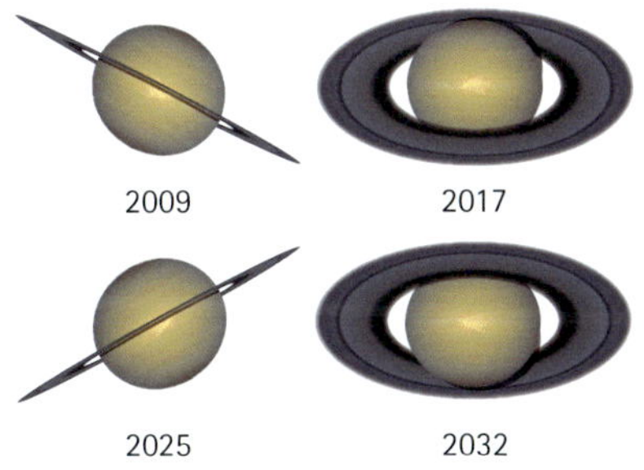

Saturns Ringe wechseln den Anblick im Laufe der Jahre.

Sonne

Die Sonne ist ein Stern. Sie bildet den Hauptkörper unseres Planetensystems, das deshalb auch Sonnensystem heißt. 330000 Erdmassen ist die Sonne schwer, ihr Durchmesser entspricht 110 Erddurchmessern. Das kennzeichnende Merkmal der Stern-Natur der Sonne ist die eigene Energieproduktion durch Kernfusion im Zentrum. Dabei werden Wasserstoffatome zu Heliumkernen verschmolzen, wobei Energie frei wird. Die Sonne ist ein recht durchschnittlicher Stern, was Größe, Masse und Leuchtkraft betrifft. Sie strahlt bereits 5 Milliarden Jahre, und etwa ebenso lang wird ihr Energievorrat noch ausreichen.

Die Sonne ist einem Aktivitätszyklus unterworfen – nach diesem Zyklus verändert sich die Anzahl und Intensität von bestimmten Erscheinungen der Sonne. Dieser Aktivitätswechsel wird durch das Magnetfeld der Sonne bestimmt, das alle 11 Jahre seine Polarität umkehrt. Dadurch variiert u.a. das Auftreten von Sonnenflecken mit einer Periode von etwa 11 Jahren. Die dunklen Sonnenflecken sind um etwa 1000°C kühlere Stellen auf der Sonnenoberfläche, die auch als Photosphäre bezeichnet wird. Hier treten Magnetfeldlinien dicht gebündelt aus. Sonnenflecken verändern sich stündlich und existieren von einigen Stunden bis zu mehreren Monaten. Die Sonnenflecken treten gehäuft in Gruppen auf. Oft wird eine Gruppe von einem großen Fleck dominiert, oder zwei größere Flecken stehen jeweils am Rand der gemeinsamen Gruppe.

Sonnenflecken sind in Gruppen angeordnet. Nur alle elf Jahre treten sie derart häufig auf, das nächste Mal 2024.

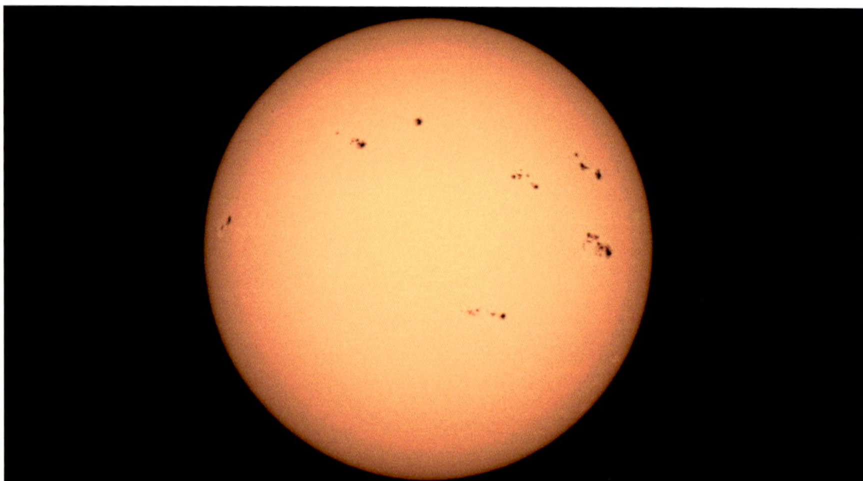

Die Sonne beobachten

Wann: Immer, wenn die Sonne über dem Horizont steht.

Wo: Überall, wo die Sonne über dem Horizont steht.

Wie: Niemals ohne sicheren Filter in die Sonne blicken! CDs, Schweißerbrillen, Sonnenbrillen, Rettungsfolien u.a. besitzen keinen Schutz vor UV-Strahlung, es besteht die akute Gefahr von Augenschäden! Für das bloße Auge ist eine Sonnenfinsternisbrille am besten geeignet, damit kann man sehr große Sonnenflecken sehen. Fernglas oder Teleskop sollten unbedingt mit einer speziellen Filterfolie mit CE-Zeichen verwendet werden.

Die Sonne im Fernrohr bei 50×.

Sonnenfinsternis

Wenn der Mond bei Neumond genau zwischen Erde und Sonne steht, müsste er uns eigentlich das Sonnenlicht nehmen. Da aber die Mondbahn etwas gegen die Erdbahn geneigt ist, finden Sonnenfinsternisse nur sehr selten statt. Meistens verfehlt die Erde den Schattenkegel des Mondes und wandert oberhalb oder unterhalb vorbei. Weil der Schattenkegel des Mondes viel kleiner ist als der der Erde, und die Erdoberfläche gerade so erreicht, sind Totale Sonnenfinsternisse an einem bestimmen Ort auf der Erde sehr viel seltener als Totale Mondfinsternisse.

Eine Sonnenfinsternis entsteht, wenn der Mondschatten auf die Erde trifft.

Deckt der Mond die Sonne komplett ab, spricht man von einer Totalen Sonnenfinsternis. Sie ist das vielleicht spektakulärste Himmelsphänomen überhaupt. Schlagartig wird es dunkel, die hellsten Sterne sind zu sehen. Nur wenige Minuten dauert diese Dunkelheit mitten am Tag.

Bedeckt der Mond die Sonne nicht ganz, wird das Partielle Sonnenfinsternis genannt. Totale Sonnenfinsternisse beginnen und enden jeweils mit partiellen Phasen. Partielle Finsternisse sind auch bei uns regelmäßig zu sehen, eine Auflistung findet sich im Anhang. Auf eine Totale Sonnenfinsternis muss man jedoch in Deutschland bis zum Jahr 2081 warten.

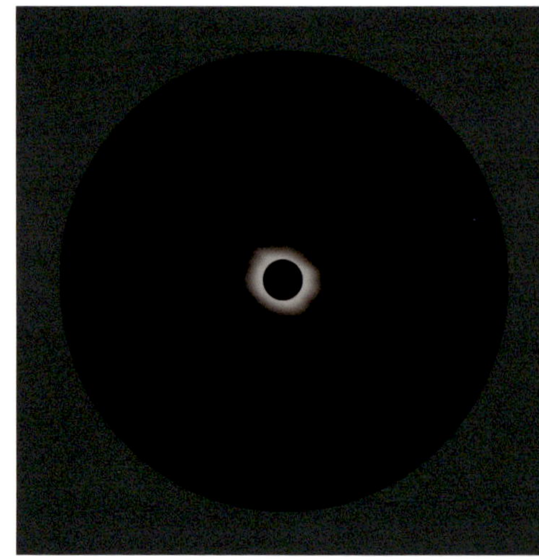

Anblick einer Sonnenfinsternis im Fernglas.

TIPP: Warnung!

Verwenden Sie auf keinen Fall Sonnenfilter zum Einschrauben ins Okular. Sie können wegen der Platzierung nahe des Brennpunkts des Teleskops unerwartet platzen oder schmelzen. Bevor Sie es merken, könnten Sie blind sein!

Buchempfehlung

Die Sonne

Eine Einführung für Hobby-Astronomen

Alles zu unserem Stern und seiner Beobachtung. Mit ausführlicher Filterkunde

232 Seiten, Softcover, 24cm x 17cm, durchgehend farbig, ISBN 978-3-938469-68-2, Januar 2014, 2. Auflage, 12,45 Euro

Neben den Planeten wird das Sonnensystem noch von zahlreichen weiteren Körpern bevölkert. Kometen sind eine Kategorie der Kleinkörper unseres Sonnensystems. Es gibt mehrere tausend von ihnen, sie treten aber nur in Erscheinung, wenn sie auf ihrer sehr lang gezogenen Bahn nahe an die Sonne kommen. Erst diesseits der Marsbahn entwickeln sie einen Schweif, der aus dem Kometenkern entwichenes Gas und Staub enthält. Nur wenige Kometen kehren regelmäßig wieder wie der Halleysche Komet, der 76 Jahre für einen Umlauf um die Sonne braucht und uns erst 2062 wieder besuchen wird.

Helle Kometen, wie 1997 Hyakutake und 1998 Hale-Bopp, sind selten – im Mittel tritt nur ein Mal im Jahrzehnt solch ein heller Schweifstern auf. Es gibt jedoch immer wieder weniger spektakuläre Kometen. Die meisten tauchen unvorhergesagt aus den Außenbezirken des Sonnensystems auf und verschwinden nach ein paar Wochen wieder. Früher zählten auch Hobby-Astronomen zu den Entdeckern, heute werden die meisten Kometen jedoch von automatischen Suchstationen gefunden.

Kometen beobachten

Wann: Von Zeit zu Zeit, wenn hellere Kometen (wieder-) entdeckt wurden.

Wo: Professionelle Bahnberechnungen und Aufsuchkarten benutzen.

Wie: Helle Kometen bieten mit bloßem Auge den besten Anblick. Mit einem Fernglas kann man den Kopf und Schweif besser erkennen. Teleskope haben ein zu kleines Feld, sie zeigen nur Details. Ein dunkler Himmel weitab von Städten ist wichtig.

Anblick eines hellen Kometen unter dunklem Himmel.

Kometen sind kleine Körper, die jedoch riesige Schweife aus Gas und Staub produzieren können.

Gasschweif

Staubschweif

Sterne

Sterne sind Sonnen. Allein in unserer Milchstraße gibt es 100 Milliarden davon, die Anzahl im ganzen Universum ist unvorstellbar groß. Sterne sind Kernfusionsreaktoren: Durch Umwandlung von Wasserstoff in Helium und schwerere Elemente wird Energie erzeugt, die als Strahlung abgegeben wird.

Sterne entwickeln sich, sie werden geboren, altern und sterben. Viele Sterne entstehen gemeinsam als Paar. Dabei bildet sich ein Doppelsternsystem, bei dem die beiden Sterne sich gegenseitig umkreisen. Bei einigen wenigen Doppelsternen ist dieser Umlauf so schnell, dass man ihn am Teleskop in einem Menschenleben nachvollziehen kann. Die meisten Doppelsterne benötigen aber mehrere hundert Jahre für einen Umlauf.

Doppelsterne lassen sehr gut die unterschiedlichen Sternfarben beobachten, denn nicht alle Sterne sind gleich. Es gibt Sterne mit großer Masse, die sehr schnell brennen und kurz leben. Es gibt aber weitaus mehr Sterne mit kleinerer Masse, die mehrere Milliarden Jahre benötigen, ihren gesamten Materievorrat zu verbrennen. Auch die Energie der abgegebenen Strahlung ist nicht gleich. Sehr heiße Sterne (Oberflächentemperatur 50000°C) geben viel Energie ab und strahlen blau. Kühlere Sterne (Oberflächentemperatur 1500°C) strahlen dagegen rotes Licht aus.

Einer der bekanntesten Doppelsterne ist das Reiterlein im Großen Wagen.

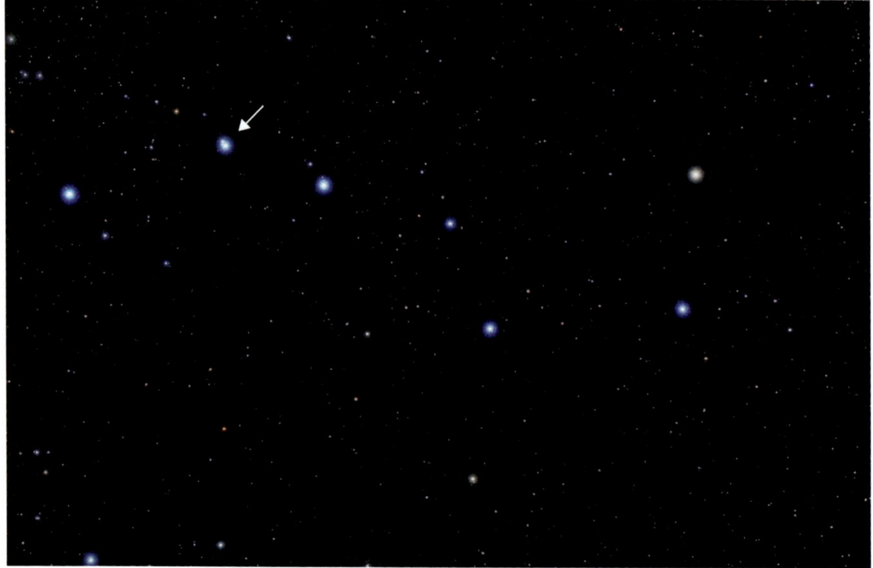

Das Reiterlein beobachten

Wann: Ganzes Jahr

Wo: Im Sternbild Großer Bär, über dem Knick der Deichsel des Großen Wagens.

Wie: Mit bloßem Auge ein kleines Sternchen, im Fernglas deutlicher. Im Teleskop auch der helle Stern doppelt.

Das Reiterlein im Fernrohr bei 30×.

Nicht alle Sterne strahlen immer gleich. Manche verändern auch ihre Helligkeit. Diese Veränderlichen Sterne ändern ihr Licht entweder durch Pulsationen oder andere physikalische Veränderungen im Stern, oder es handelt sich um enge Doppelsternsysteme, bei denen sich die Sternpartner gegenseitig bedecken. Dies ist beispielsweise beim »Teufelsstern« (Algol) der Fall.

Sternhaufen

Die Plejaden sind das klassische Beispiel eines Offenen Sternhaufens. Die gemeinsam entstandenen Sterne sind durch gegenseitige Schwerkraft gebunden und bewegen sich auch zusammen. Es handelt sich um leuchtkräftige blau-weiße Riesensterne mit bis zu 1000-facher Sonnenleuchtkraft und zehnfachem Sonnendurchmesser. Offene Sternhaufen bestehen aus einem Dutzend bis mehreren Tausend Sternen. Diese Sterne sind aus einer Materiewolke gemeinsam entstanden.

Das Siebengestirn oder die Plejaden sind der archetypische Sternhaufen, eine Gruppe von gemeinsam entstandenen Sternen.

Bei älteren Sternhaufen ist der Nebel verflogen, und auch die blauen Sterne sind bereits verloschen. Dafür haben sich einige rote Riesensterne entwickelt, die nun das Bild dominieren. Sehr alte Sternhaufen bestehen nur noch aus rötlichen Sternen, alle massereicheren Sterne sind schon längst verglüht. Allerdings erreicht kaum ein Offener Sternhaufen auch ein hohes Alter, da Eigenbewegungen der Mitglieder einen Haufen bereits wenige Millionen

Die Plejaden beobachten

Wann: Herbst

Wo: Im Sternbild Stier.

Wie: Mit bloßem Auge unter dunklem Himmel sechs oder sieben Sterne. Im Fernglas beeindruckendes Lichtspiel. Im Teleskop nur bei geringer Vergrößerung lohnenswert.

Die Plejaden im Fernrohr bei 30x.

Jahre nach seiner Entstehung auseinander treiben. Schließlich ist nur noch ein loser Rest vorhanden. Die meisten Sternhaufen stehen innerhalb des Milchstraßenbandes.

Die Kugelsternhaufen gehören ebenso wie die Offenen Sternhaufen zu unserer eigenen Heimatgalaxie, der Milchstraße. Sie sind in einem kugelförmigen Raum um die Scheibe herum angeordnet. Dabei umkreisen sie wie alle Objekte der Milchstraße deren Zentrum.

Die Kugelsternhaufen haben mit einigen zehntausend bis Millionen von Sternen wesentlich mehr Sterne als die Offenen Sternhaufen. Da ihre Sterne in kugelförmiger Anordnung stehen (daher der Name) halten die Einzelmitglieder viel besser zusammen als bei den Offenen Sternhaufen. Tatsächlich werden die Kugelsternhaufen zu den ältesten Objekten der Milchstraße gerechnet (mehrere Milliarden Jahre alt), während die Offenen Sternhaufen in den meisten Fällen noch sehr jung sind (wenige Millionen Jahre).

TIPP: Sternhaufen auflösen

Anders als die Plejaden sind viele Sternhaufen klein und bestehen aus sehr schwachen Sternen. Mit dem bloßen Auge oder einem Fernglas sind die Sterne nicht zu sehen, der Sternhaufen erscheint dann wie ein Nebel. Erst wenn man ein Teleskop verwendet, werden die Einzelsterne sichtbar, man spricht von "auflösen". Besonders die eindrucksvollen Kugelsternhaufen benötigen mittlere bis große Teleskope für ihre Auflösung.

Nebel

Der Orionnebel ist eine Geburtsstätte von Sternen.

Der Orionnebel ist das schönste Beispiel am Himmel für ein Gebiet, in dem aktuell Sterne geboren werden. Es handelt sich um einen Gasnebel, in dem Wasserstoffgas von sehr heißen Sternen zum Leuchten angeregt wird. In den größeren Nebeln entstehen aus dem Gas gerade neue Sterne. Im Orionnebel kann man sie im Zentrum der leuchtenden Massen schon erkennen. Das umgebende Wasserstoff-Gas wird von der Strahlung ihrer heißen Oberflächen zum Leuchten angeregt.

Planetarische Nebel sind dagegen Überreste eines sterbenden Sterns. Gegen Ende ihres Lebens werden Sterne instabil, weil der Materievorrat für die Kernfusion zur Neige geht. Der Strahlungsdruck kann das

Den Orionnebel beobachten

Wann: Winter

Wo: Im Sternbild Orion, unterhalb der drei Gürtelsterne.

Wie: Mit dem bloßen Auge ist der Nebel kaum von den umgebenden Sternen zu unterscheiden. Ein Fernglas zeigt einen kleinen Nebelfleck. Im Teleskop ab 30-facher Vergrößerung offenbart sich die ganze Schönheit des Nebels. Ein dunkler Himmel weitab von Städten ist wichtig.

Der Orionnebel im Fernrohr bei 50x.

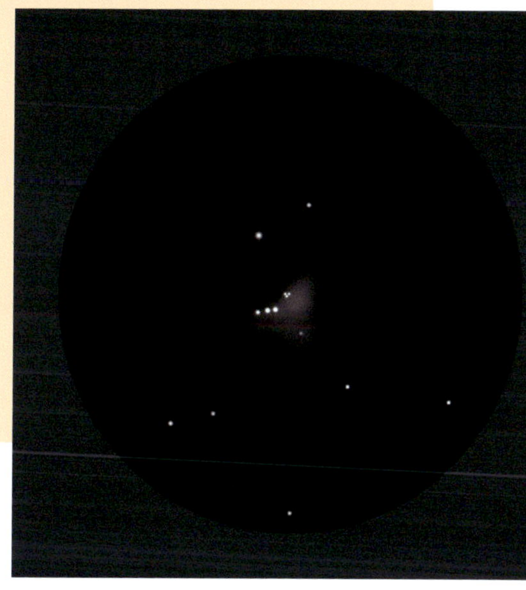

Gewicht des Sterns nicht mehr kompensieren, und der Stern beginnt zu kontrahieren und schubweise seine Hülle abzustoßen.

Übrig bleibt nur ein sehr heißer Zentralstern, der für das Leuchten des Nebels verantwortlich ist. Die ehemalige Hüllenmaterie dehnt sich aus und ist nach einigen tausend Jahren ganz verschwunden. Planetarische Nebel sind also relativ kurzlebige Erscheinungen.

Es gibt auch Nebel, die aus einem noch heftigerem Ende resultieren. Dazu gehört der Krebsnebel im Stier: An dessen Position fand im Jahr 1054 eine Supernova statt. Bei diesem Ereignis wird das Ende eines sehr massereichen Sterns dadurch gesetzt, dass er einen Gravitationskollaps erleidet. Der gesamte Stern implodiert bis auf einen winzigen Rest, bei dem die Materie so stark verdichtet wurde, dass ein Kubikzentimeter wie eine Milliarde Tonnen wiegen würde. Dieser Neutronenstern mit dem umgebenden Nebel – ein Supernovarest – ist alles, was von einem Sternriesen übrig blieb.

TIPP: Dunklen Himmel aufsuchen!

Nebelobjekte wie der Orionnebel sind besonders stark von der Lichtverschmutzung betroffen. Diese führt dazu, dass der Nachthimmel gegenüber einem natürlichen Himmel stark aufgehellt wird. Dabei verlieren die Nebelobjekte an Kontrast und werden schwieriger zu sehen oder können gar nicht mehr beobachtet werden. Die besten Eindrücke hat man deshalb von Standorten abseits großer Ballungsräume ohne Lichtverschmutzung.

Galaxien

Galaxien sind Milchstraßen, die wir aus großer Entfernung sehen. Die Abstände zur Erde belaufen sich nun nicht mehr auf Lichtjahre (nächste Sterne), einige 100 Lichtjahre (Doppelsterne), einige tausend Lichtjahre (Sternhaufen und Nebel) oder einige zehntausend Lichtjahre (Kugelsternhaufen), sondern mehrere Millionen Lichtjahre.

Nach ihrem Aussehen klassifiziert man die Galaxien in elliptische, linsenförmige, spiralförmige oder unregelmäßige Systeme. Auf Fotos sind besonders die Spiralstrukturen eindrucksvoll, daneben sieht man blaue Flecken (junge Sternhaufen) und rote Flecken (Gasnebel).

Die Andromedagalaxie ist eine andere Milchstraße. Zweieinhalb Millionen Jahre ist das Licht von dieser Galaxie zu uns unterwegs, man stelle sich vor wie die Erde aussah, als diese Strahlung ausgesandt wurde!

Die Andromedagalaxie ist unsere Nachbarmilchstraße.

Die Andromedagalaxie beobachten

Wann: Herbst

Wo: Im Sternbild Andromeda.

Wie: Mit geübtem Auge auch ohne Hilfsmittel, im Fernglas länglicher Nebelfleck. Im Teleskop ein großer ovaler Nebel mit hellem Kern bei ca. 50-facher Vergrößerung. Ein dunkler Himmel weitab von Städten ist wichtig.

Die Andromedagalaxie im Fernrohr bei 50×.

Die Andromedagalaxie ist ein gewaltiges Sternsystem wie unsere eigene Milchstraße. Sie beinhaltet alles, was zu einer Galaxie gehört: einige Milliarden Sterne, Sternhaufen, Gasnebel, Kugelsternhaufen. Das alles ist so weit entfernt, dass es zu einem Nebel verschwimmt. Es gibt Milliarden weitere Galaxien am Himmel in größerer Entfernung.

Fernglas

Ein Fernglas ist ein ideales astronomisches Instrument und für viele Beobachtungen besser geeignet als ein Teleskop. Es ist in vielen Haushalten schon vorhanden – falls nicht: Billigmodelle gibt es bereits ab 20 Euro, gute Gläser ab etwa 200 Euro zu kaufen.

Der große Vorteil des Fernglases: Es ist schnell zur Hand, leicht transportierbar und immer dabei, wenn man es braucht. Das große Gesichtsfeld macht es zudem leicht, Objekte am Himmel auch zu finden.

Auf jedem Fernglas sind zwei Kenngrößen vermerkt: Die Vergrößerung und die Öffnung, also der Durchmesser der Objektivlinsen. 8×30 bedeutet also, dass das Glas Mond und Planeten 8 Mal so groß wie mit bloßem Auge zeigt, und zwei Frontlinsen mit je 30mm Durchmesser besitzt.

Für die Himmelsbeobachtung ist der Durchmesser, meist »Öffnung«, genannt, besonders wichtig, denn er bestimmt wieviel Licht im Auge des Beobachters ankommt. Ein 30mm-Fernglas sammelt ca. 130 Mal soviel Licht wie das menschliche Auge. Bei einem 50mm-Glas sind es schon 350 Mal so viel!

Auf den ersten Blick mag ein Fernglas mit besonders hoher Vergrößerung wünschenswert sein. Bei Ferngläsern ist jedoch weniger oft mehr, denn das Zittern der Hände, die das Fernglas halten, wird mitvergrößert. Mehr als 10-fache Vergrößerung lässt sich kaum mehr stabil halten. Für höher vergrößernde Gläser sollte man sich deshalb unbedingt ein (Foto-)Stativ besorgen.

Ein Fernglas ist das ideale erste astronomische Beobachtungsinstrument. Die auf dem Gehäuse vermerkte Zahlenkombination gibt Vergrößerung und Linsendurchmesser an.

Viele astronomische Objekte sind sehr klein und lichtschwach. Deshalb ist eine gute Qualität des Instruments wichtig. Dazu zählt die sogenannte Vergütung: Diese Beläge auf den Linsen erhöhen die Lichtdurchlässigkeit. Billige Gläser haben keine oder rot schimmernde Beläge, teure Vergütungen schimmern eher grünlich.

Auch Farbfehler sollte ein Fernglas nicht aufweisen: Diese Farbsäume sind besonders bei harten Kontrasten, z.B. eine

Antenne gegen den hellen Taghimmel, zu erkennen. Wichtig ist auch, dass das Fernglas nicht zu schwer ist, sonst ermüden die Hände schnell. Es gibt heute auch Instrumente mit elektronischer Bildstabilisierung, die das Zittern der Hände ausgleichen – allerdings für keinen geringen Preis.

Teleskop

Drei Dinge kann ein Teleskop besser als das Auge: Licht sammeln, Einzelheiten auflösen und Details vergrößern. Für das Lichtsammel- und das Auflösungsvermögen ist der Durchmesser der Teleskopoptik entscheidend: Je größer ein Teleskop, desto mehr Licht sammelt es und desto feinere Einzelheiten kann es auflösen.

Das Vergrößerungsvermögen eines Teleskops ist von diesen beiden Fähigkeiten abhängig, denn wenn zuwenig Licht vorhanden ist, wird das Bild dunkel, und bei zu wenig Auflösung wird es flau. Mit einem größeren Teleskop kann man also höher vergrößern als mit einem kleinen. Welche Vergrößerung genau ein Teleskop hat, kann man selbst bestimmen: Durch die Wahl des Okulars. Mit dieser kleineren Zusatzoptik wird das Teleskopbild betrachtet. Dabei gilt:

Vergrößerung = Teleskopbrennweite/ Okularbrennweite

TIPP: Faszination lässt sich nicht kaufen!
Viele Einsteiger denken, dass sich Beobachtungsspaß durch besonders teure Teleskope und andere Hilfsmittel erkaufen lässt. Doch ist die Faszination und damit der Spaß beim nächtlichen Tun davon abhängig, welche innere Einstellung man hat. Wieviel man von einer guten Nacht profitieren kann, hängt davon ab, wie sehr man sich auf sie einlässt. Die Astronomie ist kein Erfolgserlebnis auf Knopfdruck.

Ein Teleskop mit 600mm Brennweite erreicht also mit einem 10mm-Okular eine 60-fache Vergrößerung.
Demnach müsste man mit einem 3mm-Okular auch eine 200-fache Vergrößerung erreichen. In der Praxis ist das aber nicht umsetzbar. Die Faustregel für die höchste sinnvolle Vergrößerung setzt den zweifachen Durchmesser des Teleskops dafür an. Hat dieses z.B. 60mm Öffnung, ist 120× die höchste sinnvolle Vergrößerung. Trotzdem werden viele Einsteigerteleskope mit wahnwitzigen Vergrößerungswerten beworben – daran erkennt man unseriöse Anbieter.
Einfache Teleskope sind nicht teuer, schon ab 50 Euro bekommt man chinesische Billigware, die aber oft mehr Frust als Lust bereitet, gerade für Kinder und Jugendliche. Für ein vernünftiges Teleskop muss man mindestens 250 Euro investieren. Mit besserer Qualität der Optik steigt das Leistungsvermögen des Teleskops und damit auch der Spaß unter dem Sternhimmel.

Es gibt zwei Haupttypen von Teleskopen. Als Linsenteleskop oder Refraktor wird ein Teleskop bezeichnet, dessen Objektiv aus einer Glaslinse besteht, die das einfallende Licht zum Brennpunkt bricht. Dieser Teleskoptyp ist derjenige, der für die meisten Menschen nach »klassischem Fernrohr« aussieht: In einem langen Rohr ist vorne die Linse eingefasst, das andere Rohrende trägt den Okularauszug, in den das Okular eingesteckt wird. Man blickt also von hinten und unten in das Fernrohr.

Linsen- und Newton-Spiegelfernrohr sind die Haupttypen preiswerter astronomischer Teleskope. Die beiden abgebildeten Modelle aus chinesischer Fertigung kosten weniger als 100 Euro.

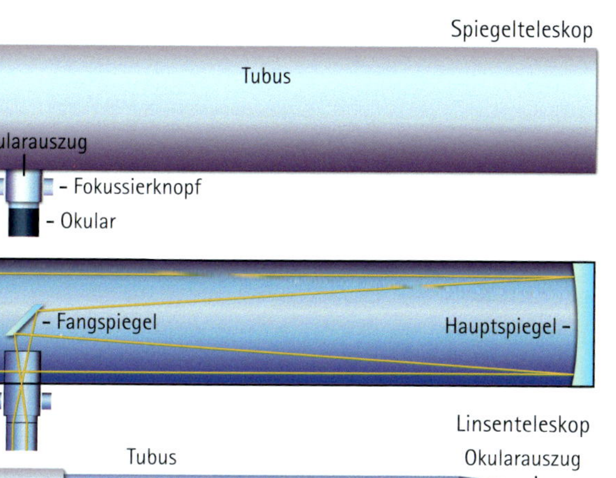

Der Weg des Lichts im Linsenteleskop und Spiegelteleskop in Newton-Bauweise.

Als Spiegelteleskop oder Reflektor wird ein Teleskop bezeichnet, dessen bilderzeugendes Element ein Spiegel ist. Im Einsteiger-Bereich ist das Newton-Spiegelteleskop vorherrschend. Bei ihm blickt man nicht hinten am Rohr, sondern seitlich am oberen Ende in das Okular. Der sogenannte Hauptspiegel liegt am unteren Ende des Teleskops, er sammelt und fokussiert das Licht. Vorne im Teleskop ist an einer Halterung, der sogenannten Spinne, der Fangspiegel angebracht; er wirft das Licht in den seitlich angebrachten Okularauszug.

Buchempfehlung

Teleskop-1×1

Erste Hilfe für Fernrohr-Besitzer

Praxisratgeber für Besitzer preiswerter Teleskope aus chinesischer Fertigung

64 Seiten, Softcover, 21cm × 14,8cm, durchgehend farbig, ISBN 978-3-938469-89-7, Dezember 20017, 3. Auflage, 9,90 Euro

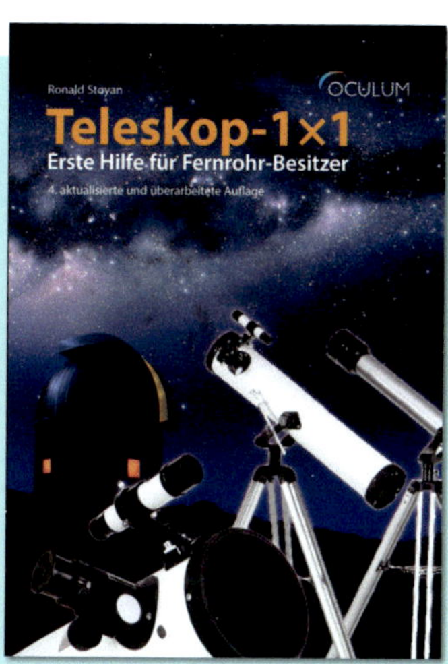

Montierung

Mit der Optik allein ist es nicht getan, genauso wichtig ist der Unterbau eines Teleskops, die sogenannte Montierung. Bei der Himmelsbeobachtung gibt es nämlich ein großes Problem: Man muss die Erddrehung ausgleichen – sonst wandern die Objekte schon nach kurzer Zeit, aus dem Gesichtsfeld. Bei 100-facher Vergrößerung hat man nur 2 Minuten Zeit ein Objekt anzusehen!

Die azimutale Montierung ist die einfachere Art, ein Fernrohr aufzustellen. Sie orientiert sich an der Horizontebene: Eine Achse lässt die Himmelsrichtung verstellen (Azimut), die andere die Höhe über dem Horizont. Diese Bewegungen lassen sich intuitiv vornehmen.

Um einem astronomischen Objekt am Himmel zu folgen, müssen aber beide Achsen der Montierung bewegt werden. Schuld daran ist die Neigung der Erdachse, dadurch wandern Mond, Planeten und Sterne ständig schräg aus dem Blickfeld. Um ihnen zu folgen, muss die Montierung jeweils etwas nach rechts und gleichzeitig nach oben oder unten bewegt werden. Bei höheren Teleskopvergrößerungen ist das je nach Bauart der Montierung sehr schwierig.

Die einfachste Bauart der azimutalen Montierung ist der von Fotostativen bekannte Neiger. Er besitzt einen Griff, mit dem die Montierung bewegt wird. Die beiden Achsen lassen sich mit Klemmschrauben feststellen oder sind über Rutschkupplungen stufenlos einstellbar. Die Nachführung astronomischer Objekte ist mit einem Neiger nur bei niedrigen Vergrößerungen bis etwa 50× möglich.

Video-Neiger und Gabel sind Formen einer azimutalen Montierung.

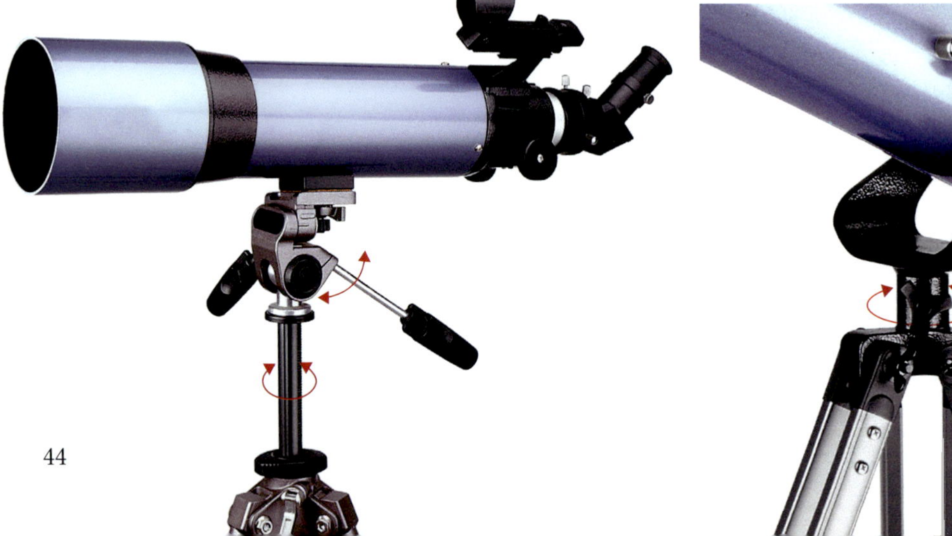

Die meisten azimutalen Montierungen für kleine Teleskope sind als Gabelmontierungen realisiert. Dabei hängt das Teleskoprohr in der Azimutachse, die Höhenachse läuft quer durch den Teleskoptubus.

Bei der parallaktischen Montierung sind die Achsen an der Erdachse ausgerichtet. Das hat den großen Vorteil, dass man nur noch eine Achse bewegen muss, um ein astronomisches Objekt zu verfolgen. Wenn man einen Motor anschließt, lässt sich das sogar automatisieren.

Um die parallaktische Montierung parallel zur Erdachse auszurichten, ist sie um einen bestimmten Winkel geneigt, der der geographischen Breite des Beobachtungsortes entspricht. Bei in Deutschland benutzten Montierungen muss die Neigung also ca. 50° betragen.

Parallaktische Montierungen für kleine Amateurfernrohre sind ausnahmslos sogenannte »Deutsche Montierungen«. Dabei sitzt das Fernrohr auf einem Achsenkreuz. Gegenüber des Teleskoprohrs ist ein Gegengewicht zur Balance angebracht. Die Achsen der parallaktischen Montierung besitzen je zwei Knöpfe. Mit dem einen lässt sich die Achse arretieren, also in einer bestimmten Position festklemmen. Mit dem anderen kann man die Achse langsam per Hand bewegen.

An modernen Montierungen sind Computer angebracht, mit denen man die Bewegung einer oder beider Achsen über eine Handsteuerbox vornehmen bzw. kontrollieren kann. Sie werden nach dem englischen Steuerungsbefehl als »Goto-Montierungen« bezeichnet. Vor der Benutzung müssen sie jedoch zuerst am Sternhimmel geeicht werden. Ist die Montierung richtig aufgestellt, muss man sich mit der Nachführung dann gar nicht mehr befassen.

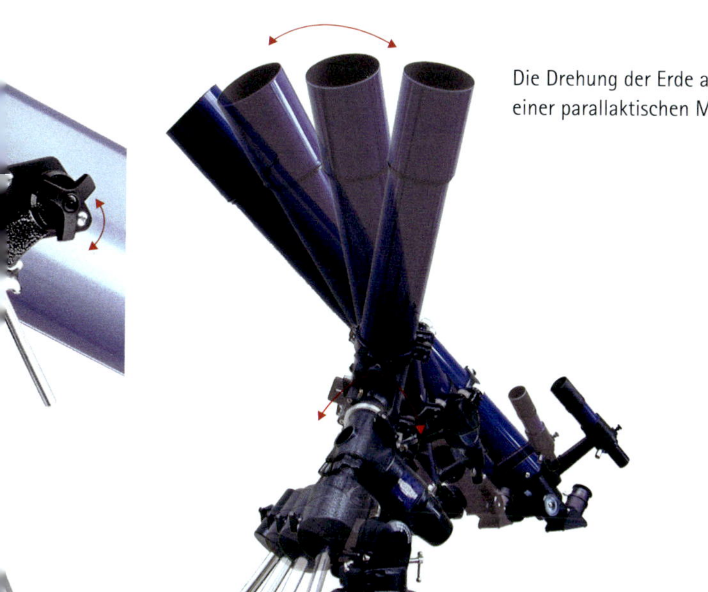

Die Drehung der Erde ausgleichen kann man mit einer parallaktischen Montierung.

PRAXIS

Okular

Als Okular bezeichnet man den Optikteil des Teleskops, durch den man blickt. Das Okular ist also ein wesentlicher Bestandteil des Fernrohrs, ohne den dieses nicht sinnvoll verwendet werden kann.

Okulare sind Lupen, mit denen das vom Fernrohr erzeugte Bild vergrößert betrachtet wird. Man braucht Okulare verschiedener Brennweiten, um verschiedene Vergrößerungen zu erreichen. Kennt man die Brennweite des Okulars und des Fernrohrs, lässt sich die Vergrößerung berechnen:

Vergrößerung = Fernrohr-Brennweite / Okular-Brennweite

Die erhältlichen Okularbrennweiten liegen zwischen 40mm und 4mm. Für die meisten Anwendungen genügt ein Satz aus vier Okularen mit 40mm, 20mm, 10mm und 6mm Brennweite.

Ein Okular besteht aus mindestens zwei Linsen, die in einer gemeinsamen Hülse untergebracht sind. Um es zu benutzen, wird es in den Okularauszug gesteckt und dort festgeklemmt. Die Steckdurchmesser von Okularen sind normiert, man kann also Okulare unterschiedlicher Hersteller an verschiedenen Fernrohren einsetzen. Üblich ist ein Durchmesser von 31,8mm.

Okulare werden in verschiedenen Konstruktionen gefertigt, die sich in der Qualität unterscheiden. Plössl ist eine vierlinsige Variante, die am meisten verwendet wird. Aufwändige Okulare mit bis zu neun Linsen und großen Gesichtsfeldern können mehrere hundert Euro kosten.

Okulare verschiedener Brennweiten ermöglichen verschiedene Vergrößerungen.

Prismen und Linsen

Neben den Okularen gibt es noch verschiedene Zusatzoptiken, die alle zwischen Fernrohr und Okular angebracht werden.

Insbesondere bei Linsenteleskopen kann es unbequem werden in das Fernrohr zu blicken, wenn hoch stehende Objekte betrachtet werden sollen. Abhilfe schafft das Zenitprisma, ein Glasprisma, das die von der Teleskoplinse gebündelten Lichtstrahlen um 90° ablenkt. Allerdings hat das Zenitsprima einen Nachteil, denn es spiegelt das Bild im Okular, links und rechts sind also vertauscht.

Besser ist ein Amiciprisma, das es in zwei Varianten mit 45°- und 90°-Ablenkung gibt. Damit entspricht die Orientierung des Teleskopbilds dem Anblick mit dem bloßen Auge.

Weil astronomische Teleskope, ohne Prisma verwendet, ein auf dem Kopf stehendes Bild liefern, sind Umkehrlinsen entworfen worden, damit man auch tagsüber Dinge wie Segelboote oder Tiere beobachten kann. Diese Linsen sind jedoch durchweg von schlechter Qualität, am Linsenfernrohr verwendet man besser das Amiciprisma, das denselben Effekt bietet.

Barlowlinsen dienen dazu, die Brennweite des Teleskops zu verlängern. Nach der Formel für die Errechnung der Teleskopvergrößerung ergeben sich somit höhere Vergrößerungen als ohne Linse. Auch die im Einsteigerbereich angebotenen Barlowlinsen sind jedoch durchweg von zu schlechter Qualität.

Das Zenitprisma ist am Linsenteleskop bei hochstehenden Objekten nützlich.

Die Barlowlinse wird ebenfalls zwischen Teleskop und Okular angebracht.

Sucher

Das Gesichtsfeld im Teleskop ist so klein, dass man selbst um den Mond zu finden, Übung und Geduld braucht. Ein wichtiges Zubehörteil ist deshalb der Sucher, der auf dem Teleskop angebracht ist.

Man unterscheidet optische Sucher, das sind kleine Linsenteleskope mit Okular, und Peilsucher, wie sie von Jagdgewehren bekannt sind. Optische Sucherteleskope haben Linsen-Durchmesser von 20mm bis 50mm und Vergrößerungen zwischen 5× und 10×. Peilsucher vergrößern nicht, sondern werfen ein Zielmuster an den Himmel, wenn man hindurchblickt.

Bei beiden Typen ist es wichtig, dass sie genau parallel zum Teleskop ausgerichtet sind, damit sie auf den gleichen Punkt am Himmel zeigen, wie das Hauptinstrument.

Sucher sind wichtige Hilfsmittel zum Auffinden von Himmelsobjekten. Man unterscheidet optische Sucher (links) und Peilsucher (rechts).

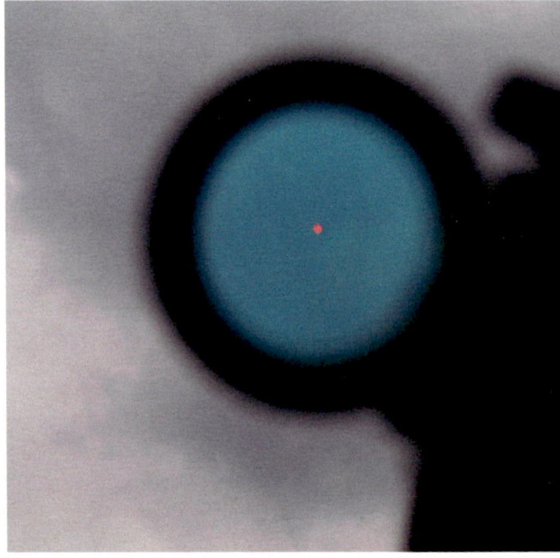

Selbst beobachten

Prinzipiell kann man in jeder Nacht beobachten. In Mitteleuropa benötigt man meistens etwas Geduld, denn natürlich muss dazu der Himmel klar sein.

Zum Beobachten, egal ob ohne Hilfsmittel, einem Fernglas oder dem Teleskop,

sollte man unbedingt nach draußen gehen. Bei Teleskopbeobachtungen ist das besonders anzuraten, da Fensterglasscheiben das Bild nahezu unbrauchbar machen.
Will man mehr sehen als Mond und Sonne, sollte man einen möglichst dunklen Standort wählen. Licht von Straßenlampen und Autos blendet und lässt kaum etwas erkennen. Insgesamt sind die Bedingungen innerhalb von Städten meist schlecht, denn die menschliche Lichtverschmutzung raubt dem Sternhimmel seine Brillanz. Vielerorts sind heute nur noch 5% oder weniger Sterne zu sehen, als eigentlich möglich wäre.
Ein guter Blick ist vor allem Richtung Süden wichtig, denn hier erreichen Planeten und Sterne ihre höchste Position über dem Horizont und sind damit am besten beobachtbar.

Einem Teleskop sollte man zunächst Zeit zum Auskühlen geben, dann ist das Bild besser. Das Aufsuchen eines Objekts geschieht mit der längsten Okularbrennweite, denn damit ist das Gesichtsfeld am größten. Am Okularauszug wird das Teleskop zunächst scharf gestellt. Erst wenn man das gewünschte Ziel eingestellt hat, sollte man nach und nach kleinere Okularbrennweiten verwenden und zu höheren Vergrößerungen wechseln.
Dabei wird man feststellen, dass das Teleskopbild zittert, und zwar umso stärker, je höher man vergrößert. Diese Bildverschlechterung wird durch die Luftunruhe

TIPP: Nicht aufgeben!

Durch eine Übersättigung mit bunten Bildern, »unglaublichen« Zahlen und reißerischen Kommentaren buhlen die Medien um unsere Aufmerksamkeit. Das Bild, das viele Menschen heute vom Sternhimmel haben, speist sich allein aus diesen unrealistischen Eindrücken. Die Faszination des praktischen Hobbys Astronomie hat aber mit einer Fernsehsendung über Schwarze Löcher genau so wenig zu tun wie die Freude am Bergsteigen mit einer Mount-Everest-Reportage.
Der Sternhimmel lässt sich nicht wie eine Fernsehsendung beobachten, hier wird nichts »serviert«. Seine Geheimnisse wollen entschlüsselt werden, seine Schönheit ist subtiler, die Veränderungen scheinbar unmerklich – und doch bleibt diese Faszination an seinem Anblick ein Leben lang erhalten.
In diesem Buch sind den bunten Fotos realitätsnahe Ansichten gegenübergestellt, die den tatsächlichen Anblick im Teleskop wiedergeben. Erwarten Sie nicht, beim ersten Blick die Polkappen des Mars, den Großen Roten Fleck auf Jupiter oder Spiralarme in Galaxien eindrücklich zu sehen. Verbannen Sie die bunten Bilder aus Ihrem Kopf und machen Sie sich klar, dass das Hobby Astronomie wenig mit ihnen zu tun hat. Astronomisches Beobachten ist nicht von heute auf morgen erlernt. Zur Orientierung am Sternhimmel und Beherrschung von Techniken ist Übung erforderlich. Werfen Sie die Flinte nicht ins Korn, wenn Ihnen nicht auf Anhieb alles gelingt.

der Erdatmosphäre verursacht.
Während der Beobachtung muss man ständig die Montierung nachführen, da sonst das Beobachtungsobjekt aus dem Gesichtsfeld verschwindet. Dies geschieht umso schneller, je höher die Vergrößerung ist.

Öffentliche Sternwarten sind erste Anlaufadressen für Sterngucker.

Man muss sich aber kein Fernrohr kaufen, wenn man den Himmel durch ein Teleskop sehen will. Überall in Deutschland, Österreich und der Schweiz gibt es öffentliche Sternwarten. Diese Volkssternwarten bieten regelmäßig Beobachtungsabende kostenlos oder zu geringen Beträgen an. Sie werden meistens ehrenamtlich betrieben.
Die meisten Volkssternwarten verfügen über ziemlich große Teleskope, liegen aber oft inmitten der Städte und haben keinen guten Himmel. Es lohnt sich aber in jedem Fall, ihnen einen Besuch abzustatten, gerade wenn man mit bloßem Auge und Fernglas schon erste Erfahrungen gesammelt hat. Eine Liste im Anhang enthält die Internetadressen der größten Sternwarten im deutschsprachigen Raum.

Buchempfehlung

Fernrohr-Führerschein in vier Schritten

Eine Anleitung für Fernrohr-Besitzer

Alles zum Umgang mit Teleskopen, mit vielen Tipps aus der Praxis

160 Seiten, 192 Grafiken und Fotos, 46 Tabellen, Softcover, Spiralbindung, 15cm × 21cm, durchgehend farbig, ISBN 978-3-938469-97-2, Januar 2021, 8. überarbeitete Auflage, 18,90 Euro

Selbst fotografieren

Bei den meisten Astro-Einsteigern kommt schnell der Wunsch auf, die mit den eigenen Augen gesehenen Dinge auch fotografisch festzuhalten. Doch kaum ein Zweig der Fotografie ist so kompliziert und aufwändig wie die Astrofotografie. Zwei einfache Techniken gibt es jedoch, mit denen man erste Erfahrungen sammeln kann.

Stellt man eine Kamera auf ein Stativ und richtet sie auf den Polarstern genau in Richtung Norden aus, erscheinen auf dem Bild runde Strichbögen, die auf den Nördlichen Himmelspol zentriert sind. Der Grund dafür ist die Drehung der Erde. Die verwendete Kamera sollte eine Belichtungszeit über mindestens 10 Minuten erlauben, Spiegelreflex- oder Systemkameras sind deshalb gut geeignet. Die Strichspuren der Sterne sind umso länger, je länger belichtet wurde. Würde man 24 Stunden belichten können, wären perfekte Ringe um den Himmelspol zu sehen. Zu Anfang sollte man ein gewöhnliches Objektiv verwenden, mit Teleobjektiven längerer Brennweiten muss genauer scharfgestellt werden.

Strichspuraufnahmen lassen sich mit geringem Aufwand erstellen.

Für Versuche am Mond eignet sich eine Webcam oder digitale Spiegelreflexkamera.

Die gängigen Einsteigerteleskope im Preissegment bis 250 Euro sind nicht für die Fotografie geeignet. Grund dafür sind vor allem die wackeligen Montierungen.

Man kann aber trotzdem versuchen, mit dem Smartphone einen Schnappschuss vom Mond zu machen. Dazu benötigt man einen Smartphone-Adapter, der die Kamera des Handys mit dem Okular des Teleskops verbindet. Freihand wackelt das Bild zu sehr.

Zuerst wird mit dem Teleskop grob scharf gestellt. Dazu genügt es meist, den selben Schärfepunkt wie bei der visuellen Beobachtung einzustellen. Das genaue Scharfstellen erfolgt dann am Handy. Leider spielen die automatischen Bilderkennungs-Routinen oft nicht mit.

Für die Fotografie von Sternhaufen, Nebeln und Galaxien sind lange Belichtungszeiten nötig. Eine Nachführung der Teleskop-Montierung ist hier unbedingt erforderlich. Man benötigt dafür außerdem Kameras, die längere Belichtungszeiten von einigen Minuten erlauben. Dafür kommen in der Regel nur System- und Spiegelreflexkameras infrage. Sie werden mithilfe spezieller Kameraadapter an das Teleskop angeschlossen.

Ein wichtiger Teil der Arbeit ist die Aufbereitung des Bildes am Computer mit professionellen Bearbeitungsprogrammen. Meist werden mehrere Bilder aufaddiert, geschärft und gefiltert. Für diese Aufgaben sollte viel Zeit eingeplant werden.

Mit dem Smartphone kann man Mond und Sonne ablichten. Dabei hilft ein Adapter, der das Gerät fest mit dem Okular verbindet.

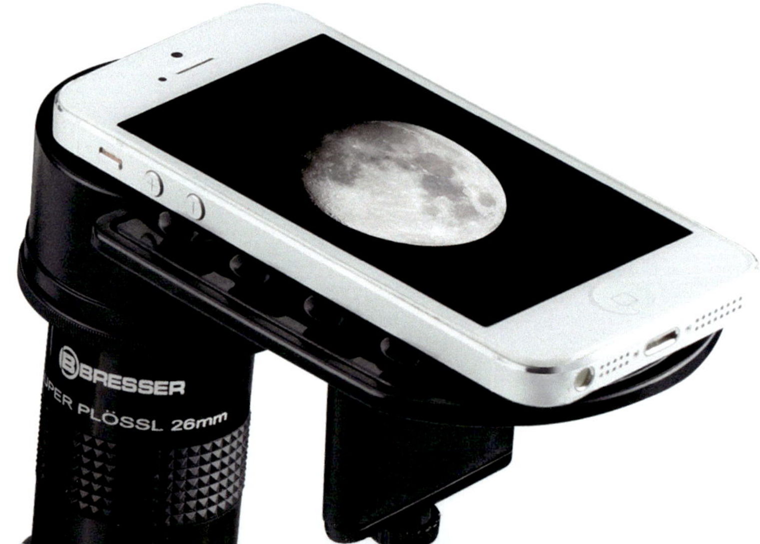

TIPP: Per aspera ad astra

Durch die digitale Aufnahmetechnik sind heute für Hobby-Fotografen Bildergebnisse möglich, die noch vor 20 Jahren professionellen Großsternwarten vorbehalten waren. Beim Betrachten der großartigen Ergebnisse vergisst man jedoch schnell, wieviel Zeit und Mühe in der Erstellung dieser Aufnahmen steckt. Die Astrofotografie gewinnt mehr und mehr Anhänger. Sie erfordert aber gleichermaßen ein gehöriges Maß an Geduld, Frustrationstoleranz und die Bereitschaft, Geld und Zeit in erheblichem Ausmaß zu investieren.

Die heute als Einsteiger-Teleskope verkauften Geräte sind bis auf die beschriebenen Schnappschüsse nicht für die Astrofotografie geeignet. Die Basis einer guten Ausrüstung bildet eine stabile parallaktische Montierung, die in der Grundausstattung schon ein Mehrfaches eines Einsteigergerätes kostet. Dazu kommt die eigentliche Optik, an die ebenfalls höhere Qualitätsansprüche gestellt werden müssen, eine geeignete Kamera, Hilfsmittel zur Nachführung und Nachführkontrolle, sowie Filter und Korrektoren. Genauso wichtig ist jedoch ein leistungsfähiger Computer mit spezalisierter Software.

Auch die teuerste Ausrüstung erspart es einem jedoch nicht, eigene Erfahrungen bei der Steuerung, Aufname und Bildbearbeitung zu machen. Dies schließt Fehlversuche mit ein - nur aus solchen Erfahrungen wird man lernen und die Abstimmung aller Komponenten schließlich beherrschen. Auch hier heißt es: Nicht aufgeben, bis schließlich mit viel Schweiß und Mühe ein Ergebnis auf dem Bildschirm flimmert, das man zurecht stolz vorzeigen kann.

Buchempfehlung

Handbuch Astrofotografie

Grundlagen und Praxis für Hobby-Astronomen

Alles zur Fotografie des Sternhimmels, mit zahlreichen Tipps von Kamera bis Bildbearbeitung

479 Seiten, 404 Abbildungen, Hardcover, 28cm x 21cm, durchgehend farbig, ISBN 978-3-938469-78-1, April 2016, 1. Auflage), 29,90 Euro

Glossar

Amiciprisma
Glasprisma mit 90°- oder 45°-Ablenkung. Einem Zenitprisma vorzuziehen, da es das Bild im astronomischen Teleskop seitenrichtig wiedergibt und gleichzeitig eine Umkehrlinse ersetzt.

Azimut
Himmelsrichtung am Horizont.

Azimutachse
Achse einer azimutalen Montierung, die auf den Zenit gerichtet ist.

Azimutale Montierung
Teleskopmontierung, bei der eine Achse zum Zenit und die andere Achse zum Horizont ausgerichtet ist. Damit ist das Teleskop senkrecht und waagerecht bewegbar.

Barlowlinse
Zerstreuungslinse, die vor dem Okular in den Okularauszug eingesteckt wird. Erhöht die Brennweite in der Regel um das Zweifache. Fast alle Barlowlinsen im Einsteigerbereich sind nicht achromatisch und führen daher zu starken Farbfehlern.

Brennweite
Abstand der Objektivlinse zum Brennpunkt eines Linsenteleskops oder Länge des Lichtweges vom Hauptspiegel zum Brennpunkt eines Spiegelteleskops.

Deutsche Montierung
Bauart der parallaktischen Montierung, bei der beide Achsen in Form eines »T« angeordnet sind.

Doppelstern
Sternpaar, dessen Mitglieder gravitativ aneinander gebunden sind.

Elongation
hier: Abstand zwischen einem Planeten und der Sonne am Himmel.

Gasnebel
Wolke aus neutralem oder ionisiertem Gas, meist Wasserstoff, die leuchtet.

Gabelmontierung
Teleskopmontierung, bei der die Achse, in der das Teleskop sitzt, in zwei Teile aufgespalten ist.

Galaxie
Gebilde aus mehreren Milliarden Sternen, Sternhaufen, Gasnebeln und Kugelsternhaufen, die um ein gemeinsames Zentrum kreisen.

Galaxis
Unsere Heimatgalaxie, die Milchstraße.

Größenklasse
Einheit der Helligkeit eines Sterns oder Planeten.

Höhe
Hier: Höhe über dem Horizont (0°), ansteigend bis zum Zenit (90°).

Höhenachse
Achse einer azimutalen Montierung, die auf den Horizont gerichtet ist.

Kleinplanet
Kleinkörper im Sonnensystem von weniger als 1000km Durchmesser.

Konjunktion
hier: Begegnung zwischen einem Planeten und der Sonne am Himmel.

Kugelsternhaufen
Ansammlung von bis zu einer Million Sternen in einem kugelförmigen Gebilde, Teil einer Galaxie.

Kulmination
Höchster Stand eines Gestirns über dem Horizont.

Linsenteleskop
Teleskop, das mit Hilfe einer Linse das Licht sammelt und in einem Brennpunkt vereinigt.

Milchstraße
nebelhaftes Band am Nachthimmel, repräsentiert die Innenansicht unserer Galaxis.

Mond
Nicht selbst leuchtender Körper in einer Umlaufbahn um einen Planeten, Zwergplaneten oder Kleinplaneten.

Montierung
Instrument, das ein Teleskop trägt und bewegt. Man unterscheidet zwischen azimutalen und parallaktischen Montierungen.

Neiger
Bauart der azimutalen Montierung, die mittels eines Griffs und eines Kugelkopfs oder eines 2-Wege-Kopfs bewegt werden kann.

Neutronenstern
Sternenrest mit extrem hoher Dichte und kleinem Durchmesser.

Newton-Teleskop
Bauart eines Spiegelteleskops mit einem Hauptspiegel am hinteren Ende des Teleskoprohrs, der das Licht sammelt, und einem ebenen Fangspiegel vorne im Teleskoprohr, der das vom Hauptspiegel reflektierte Licht seitlich in den Okularauszug ablenkt.

Obere Konjunktion
Begegnung der Inneren Planeten mit der Sonne, wobei der Planet hinter ihr steht.

Offener Sternhaufen
Ansammlung von gemeinsam entstandenen Sternen, lose gravitativ gebunden.

Okular
Lupe, mit der das im Brennpunkt des Teleskops entstehende Bild vergrößert wird. Durch die Wahl der Brennweite des Okulars wird die Vergrößerung bestimmt.

Opposition
hier: Stellung am Himmel, bei der die Erde zwischen Sonne und Planet steht.

Öffnung
Durchmesser des lichtsammelnden Elements eines optischen Systems.

Parallaktische Montierung
Teleskopmontierung, bei der eine Achse zum Himmelspol und die andere Achse zum Himmelsäquator ausgerichtet ist. Damit ist das Teleskop im astronomischen Koordinatensystem bewegbar.

Planet
Nicht selbst leuchtender Körper in einer Umlaufbahn um die Sonne.

Planetarischer Nebel
Nebelhülle um einen verglühenden Stern.

Polhöhe
Höhe des Himmelspols über dem Horizont. Entspricht der geographischen Breite des Beobachtungsorts.

Reflektor
siehe Spiegelteleskop

Refraktor
siehe Linsenteleskop

Sonnenfilter
Spezielles Glas oder Folie, die das Sonnenlicht filtert, so dass eine ungefährliche Beobachtung möglich ist. Muss vor dem Objektiv angebracht werden (Objektivsonnenfilter), darf nicht in ein Okular eingeschraubt werden (Okularsonnenfilter).

Spiegelteleskop
Teleskop, das mit Hilfe eines Spiegels das Licht sammelt und in einem Brennpunkt vereinigt.

Stern
Selbst leuchtender Körper, der Energie aus der Fusion von Wasserstoff und anderen Elementen erzeugt.

Supernova
Plötzlicher Gravitationskollaps eines massereichen Sterns.

Supernovarest
Nebel aus den bei einer Supernova in das All geschleuderten Sternresten.

Umkehrlinse
Sammellinse, die vor dem Okular in den Okularauszug eingesteckt wird. Kehrt die Abbildung so um, dass das Bild aufrecht und seitenrichtig erscheint.

Untere Konjunktion
Begegnung der Inneren Planeten mit der Sonne, wobei der Planet vor ihr steht.

Veränderlicher Stern
Stern, der aufgrund physikalischer oder optischer Vorgänge seine Helligkeit ändert.

Vergrößerung
Faktor, um den ein betrachtetes Objekt gegenüber dem bloßen Auge vergrößert erscheint..

Zenitprisma
Glasprisma mit 90° Ablenkung. Erzeugt ein spiegelverkehrtes Bild.

Zirkumpolare Sterne
Sterne um den Himmelspol, die niemals untergehen.

Zwergplanet
Planet, der eine geringere Größe hat, jedoch gleichmäßig rund geformt ist.

Astronomische Ereignisse 2020-2030

Sonnenfinsternisse

2021 Jun 10	12:30 MESZ	10% – 30%, partiell, in Kanada ringförmig
2022 Okt 25	12:15 MESZ	25% – 40%, partiell
2025 Mär 29	12:15 MEZ	15% – 30%, partiell
2026 Aug 12	20:15 MESZ	90%, partiell, Sonnenunterg., in Nordspanien/Island total
2027 Aug 2	11:10 MESZ	40% – 65%, partiell, in Nordafrika/Gibraltar total
2028 Jan 26	16:50 MEZ	0% – 55%, partiell, in Spanien/Südamerika ringförmig
2029 Jun 12	5:00 MESZ	0% – 20%, partiell, Sonnenaufgang
2030 Jun 1	7:15 MESZ	60% – 75%, partiell, in N.-Aafrika/Griechenl./Asien ringf.

Mondfinsternisse

2022 Mai 16	ab 4:27 MESZ	partiell/total/Monduntergang
2023 Okt 28	22:14 MEZ	partiell
2024 Sep 18	4:44 MESZ	partiell
2025 Mär 14	ab 6:09 MEZ	partiell/Monduntergang
2025 Sep 7	20:11 MESZ	total/Mondaufgang
2026 Aug 28	6:13 MESZ	partiell/Monduntergang
2027 Feb 2	10:13 MEZ	Halbschattenfinsternis
2028 Jan 12	5:13 MEZ	partiell
2028 Jul 6	ab 20:55 MESZ	partiell/Mondaufgang
2028 Dez 31	17:52 MEZ	total
2029 Jun 26	5:22 MESZ	total/Monduntergang
2029 Dez 20	23:42 MEZ	total

Planetenbedeckungen durch den Mond

2022 Dez 8	5:26 MEZ	Mars
2023 Nov 9	10:31 MEZ	Venus
2024 Aug 21	5:03 MESZ	Saturn
2025 Jan 4	18:25 MEZ	Saturn
2025 Sep 19	13:47 MESZ	Venus
2026 Sep 14	13:12 MEZ	Venus
2028 Mai 25	7:57 MESZ	Venus

Kostenloser Astro-Newsletter

Ausführliche Hinweise auf astronomische Ereignisse finden Sie in jeder Ausgabe des monatlichen Astronomie-Newsletters des Oculum-Verlags. Die Anmeldung ist unter www.oculum-verlag.de kostenlos möglich.

Planetenstellungen 2020–2028

Venus

2020 Mär 24	östl. Elongation	Abendhimmel
2020 Aug 13	westl. Elongation	Morgenhimmel
2021 Okt 29	östl. Elongation	Abendhimmel
2022 Mär 20	westl. Elongation	Morgenhimmel
2023 Jun 4	östl. Elongation	Abendhimmel
2023 Okt 23	westl. Elongation	Morgenhimmel
2025 Jan 10	östl. Elongation	Abendhimmel
2025 Mai 31	westl. Elongation	Morgenhimmel
2026 Aug 14	östl. Elongation	Abendhimmel
2027 Jan 3	westl. Elongation	Morgenhimmel
2028 Mär 21	östl. Elongation	Abendhimmel
2028 Sep 6	westl. Elongation	Morgenhimmel

Mars

2020 Okt 14	Opposition	Fische	63 Mio. km	22,2"
2022 Dez 8	Opposition	Stier	79 Mio. km	17,2"
2025 Jan 16	Opposition	Zwillinge	95 Mio. km	14,5"
2027 Feb 19	Opposition	Löwe	101 Mio. km	13,8
2029 Mär 25	Opposition	Jungfrau	97 Mio. km	14,4"

Jupiter

2020 Jul 14	Opposition	Schütze	619 Mio. km	48"
2021 Aug 20	Opposition	Steinbock	599 Mio. km	49"
2022 Sep 26	Opposition	Fische	586 Mio. km	50"
2023 Nov 3	Opposition	Widder	591 Mio. km	49"
2024 Dez 7	Opposition	Stier	609 Mio. km	47"
2026 Jan 10	Opposition	Zwillinge	630 Mio. km	46"
2027 Feb 11	Opposition	Löwe	649 Mio. km	44"
2028 Mär 12	Opposition	Jungfrau	661 Mio. km	43"

Saturn

2020 Jul 21	Opposition	Schütze	1342 Mio. km	19"
2021 Aug 2	Opposition	Steinbock	1334 Mio. km	19"
2022 Aug 14	Opposition	Steinbock	1322 Mio. km	19"
2023 Aug 27	Opposition	Wassermann	1307 Mio. km	19"
2024 Sep 8	Opposition	Wassermann	1290 Mio. km	19"
2025 Sep 21	Opposition	Fische	1274 Mio. km	19"
2026 Okt 4	Opposition	Fische	1256 Mio. km	20"
2027 Okt 18	Opposition	Fische	1241 Mio. km	20"
2028 Okt 30	Opposition	Widder	1226 Mio. km	20"

Verzeichnis von öffentlichen Sternwarten (Auswahl)

NORD

Aachen: www.sternwarte-aachen.de
Aschersleben: www.sternfreunde-aschersleben.de
Bautzen: www.sternwarte-bautzen.de
Berlin: www.astw.de, www.planetarium-berlin.de
Bernau: www.sternwarte-bernau.de
Bielefeld: www.volkssternwarte-ubbedissen.de, home.arcor.de/sternwarte-bi-brackwede
Bonn: www.volkssternwarte-bonn.de
Braunschweig: www.sternwarte-braunschweig.de
Burg b. Magdeburg: www.planetarium-burg.de
Burgsolms: www.sternwarte-burgsolms.de
Crimmitschau: www.sternwarte-crimmitschau.de
Cuxhaven: www.sternwartecuxhaven.de
Dortmund: www.volkssternwarte-dortmund.de
Drebach b. Chemnitz: www.sternwarte-drebach.de
Duisburg: astronomie-in-duisburg.kulturserver-nrw.de
Ennepetal: www.volkssternwarte-ennepetal.de
Essen: www.sternwarte-essen.de
Fulda: www.hans-nuechter-sternwarte.de
Görlitz: www.goerlitzer-sternfreunde.de
Göttingen: www.avgoe.de
Hagen: www.sternwarte-hagen.de
Hamburg: www.gva-hamburg.de
Hannover: www.sternwarte-hannover.de
Hattingen: www.sternwarte-hattingen.de
Herne: www.sternwarte-herne.de
Hildesheim: www.vhs-hildesheim.de/gelber_turm
Jena: www.urania-sternwarte.de
Kassel: www.astronomie-kassel.de
Kiel: www.gva-kiel.de
Köln: www.volkssternwarte-koeln.de
Lilienthal b. Bremen: www.avl-lilienthal.de
Lübeck: www.sternwarte-luebeck.de
Marburg: www.volkssternwarte-marburg.de
Moers: www.sternwarte-moers.de
Mönchengladbach: www.astro-mg.de
Münster: www.sternfreunde-muenster.de
Neumünster: www.sternwarte-nms.de
Norderney: www.sternwarte-norderney.de
Oldenburg: www.avos.org
Paderborn: www.sternwarte-paderborn.de
Radebeul b. Dresden: www.sternwarte-radebeul.de
Remscheid: www.sternwarte-remscheid.de
Riesa: www.sternwarte-riesa.de
Rostock: www.sternwarte-rostock.de
Schkeuditz b. Leipzig: www.sternwarte-schkeuditz.de
Sohland: www.sternwarte-sohland.de
Solingen: www.sternwarte-solingen.de
Schwerin: www.schweriner-see.de/sternwarte.htm
St. Andreasberg: www.sternwarte-sankt-andreasberg.de
Suhl: www.suhler-sternfreunde.de

Verzeichnis von öffentlichen Sternwarten (Auswahl)

SÜD

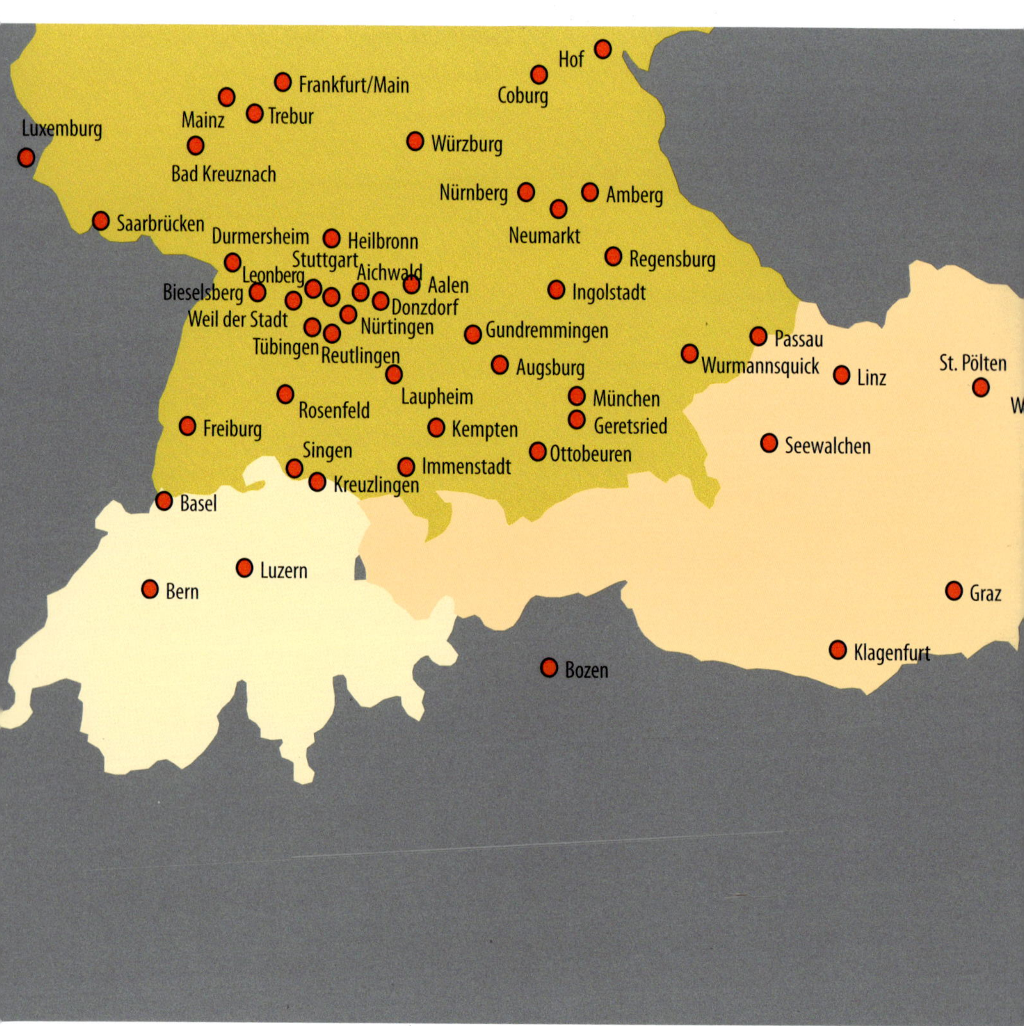

Aalen: www.sternwarte-aalen.de
Aichwald: www.schurwaldsternwarte.de
Amberg: www.volkssternwarte-amberg.de
Augsburg: www.sternwarte-diedorf.de
Bad Kreuznach: www.sternwarte-kreuznach.de
Basel: basel.astronomie.ch
Bern: www.sternwarten-bern.ch
Bieselsberg: www.sternwarte-bieselsberg.de
Bozen: www.maxvalier.org
Coburg: www.volkssternwarte-coburg.de
Donzdorf: www.messelbergsternwarte.de
Durmersheim: www.avka.de, www.sternfreunde-durmersheim.de
Frankfurt/Main: www.physikalischer-verein.de
Freiburg: www.sternfreunde-breisgau.de
Geretsried b. München: www.isartalsternwarte.de
Graz: www.keplersternwarte.at
Gundremmingen: www.volkssternwarte-gundremmingen.de
Heilbronn: www.sternwarte.org
Hof: www.sternwarte-hof.de
Immenstadt: www.sternwarte-oberallgaeu.de
Ingolstadt: www.astronomiepark.de
Kempten: www.sternwarte-kempten.de
Klagenfurt: www.avk.at
Kreuzlingen: www.avk.ch
Laupheim: www.volkssternwarte-laupheim.de
Leonberg: www.sternwarte-hoefingen.de
Linz: www.sternwarte.at
Luxemburg: www.aal.lu
Luzern: www.agl.astronomie.ch
Mainz: www.astronomie-mainz.de
München: www.sternwarte-muenchen.de
Neumarkt: www.sternwarte-neumarkt.de
Nürnberg: www.sternwarte-nuernberg.de
Nürtingen: www.sternwarte-nuertingen.de
Passau: www.sternwarte-passau.de
Ottobeuren: www.avso.de
Regensburg: www.sternwarte-regensburg.de
Reutlingen: www.sternwarte-reutlingen.de
Rosenfeld: www.sternwarte-zollern-alb.de
Saarbrücken: www.sternwarte-peterberg.de
Seewalchen: www.astronomie.at
Singen: www.sternwarte-singen.de
St. Pölten: www.noe-sternwarte.at
Stuttgart: www.sternwarte.de
Trebur: www.t1t-trebur.de
Tübingen: www.sternwarte-tuebingen.de
Weil der Stadt: www.kepler-sternwarte.de
Wien: www.urania-sternwarte.at, www.kuffner-sternwarte.at
Wurmannsquick: www.sternenfreunde-wurmannsquick.de
Würzburg: www.sternwarte-wuerzburg.de
Zürich: www.urania-sternwarte.ch

Bildnachweis

IAU: 16
Lambert Spix: 19 unten, 20 beide, 23, 25, 26 oben, 27 links, 29 beide, 30, 31 rechts, 33, 34 rechts, 36, 37 oben
Sebastian Voltmer: 28, 31 links, 32, 34 links,
Mario Weigand: 3, 18, 26 unten, 37 oben, 49, 50, 51 links
Peter Wienerroither: 25, 35, 51

Impressum

1. Auflage

ISBN 978-3-949370-00-7

Oculum-Verlag
Obere Karlstr. 29
91054 Erlangen
www.oculum.de

Haftungsausschluss